MOSAIK NEUE NATURFÜHRER

Pilze

Mitteleuropas

Brian Spooner

Mosaik

Die Originalausgabe erschien 1996
unter dem Titel *Wild Guide Mushrooms and Toadstools* bei
HarperCollins Publishers Ltd, London

Aus dem Englischen von Dr. Nora Fischer
Projektleitung der deutschen Ausgabe:
Elisabeth Keller, Mosaik Verlag München

Einbandgestaltung: Design Team München
Einbandfoto: CEFA/Zettl
Satz: Typographischer Betrieb W. Biering/H. Numberger, München

Bildnachweis:
Alle Fotos von Alan Outen außer:
Alan Hills: 141, 142, 145; Brian Spooner: 20, 36, 54, 97, 105, 155, 156, 211, 217, 232, 240, 241.

Printed in Hong Kong
ISBN 3-576-11347-9

Vorwort

Die Mykologie, das Studium der Pilze, ist ein hochinteressantes Fachgebiet. Viele Fragen zum Leben der Pilze sind noch unbeantwortet. Desgleichen ist die Bearbeitung der verwandtschaftlichen Beziehungen noch lange nicht abgeschlossen, und die Pilzsystematik ist im ständigen Wandel. Oft sind Umstellungen erforderlich, weil neue Erkenntnisse vorliegen. Viele Pilze müssen umbenannt oder anderen Gattungen oder Familien zugeordnet werden. Wenn möglich, wird im Text auf synonym verwendete Bezeichnungen oder früher gültige Zuordnungen hingewiesen.

Pilze sind bemerkenswerte Organismen. Sie kommen weltweit vor, und es gibt beinahe keinen Standort, den zu besiedeln sie nicht in der Lage wären. Sie spielen im Naturkreislauf eine wichtige Rolle und sind biologisch und ökologisch von herausragender Bedeutung. Sie begleiten uns in unserem täglichen Leben, bewußt, oft auch unbemerkt. Jedes Glas Bier oder Wein verdanken wir der Tätigkeit von Hefepilzen. Als Blauschimmel veredeln sie Käse zu Roquefort oder helfen uns durch Herstellung von Penicillin bei der Bekämpfung bakterieller Infektionen. Sie können jedoch schwere Erkrankungen bei Menschen, Tieren und Pflanzen verursachen. Am bekanntesten und beliebtesten aber sind Pilze als kulinarischer Genuß. Pilze bereichern, nicht nur als Champignons, unseren Speisezettel.

Hinweise zur Benutzung des Buches

In diesem Buch werden Pilze vorgestellt, die in Deutschland und den angrenzenden Gebieten verbreitet oder zerstreut vorkommen. Alle Arten werden durch eine Abbildung und zwei Symbole charakterisiert. Das erste **Symbol** sagt etwas über die Verwendbarkeit der Art als Speisepilz aus, wobei drei Kategorien unterschieden werden.

Giftig: Alle Pilze, die toxische Substanzen enthalten und ernste, auch tödliche Vergiftungen hervorrufen oder schwere gesundheitliche Störungen verursachen. Hierzu gehören auch vorübergehende Magen- und Darmstörungen.

Eßbar: Alle Pilze, die bedenkenlos verzehrt werden können. Für alle Speisepilze, bis auf ganz wenige Ausnahmen, gilt generell, sie sind vor dem Verzehr abzukochen, da sie roh oft Verdauungsbeschwerden verursachen.

Ungenießbar: Alle Pilze, die zwar nicht giftig, aber wegen ihrer Konsistenz, ihres Geschmacks oder einer geringen Ergiebigkeit für Speisezwecke nicht geeignet sind oder nicht empfohlen werden können.
Das zweite **Symbol** gibt eine grobe Orientierungshilfe zur Bestimmung der Arten und dient einem ersten Vergleich anhand der äußeren Gestalt des Pilzfruchtkörpers.
Ein **Kalender** verzeichnet die Monate, in denen die Fruchtkörper in der Regel zu finden sind. Man sollte allerdings berücksichtigen, daß sich die Zeiten regional und saisonal, je nach Witterung, verschieben können.
Jede Art wird stichwortartig in einer separaten Rubrik beschrieben. Es werden die wichtigsten Merkmale und Charakteristika genannt und auf mögliche Verwechslungen mit anderen Arten hingewiesen.
Die Pilze, die in diesem Buch vorgestellt werden, gehören zu den auch für den Laien gut identifizierbaren Arten. Allerdings ist eine exakte Bestimmung nicht immer leicht, selbst nicht bei den Großpilzen mit ihren ausgeprägten Fruchtkörpern. Für eine sichere Bestimmung ist die Kenntnis möglichst vieler charakteristischer Merkmale wichtig, die Farbe des Hutes allein, sei sie auch noch so auffallend, reicht für eine eindeutige Identifizierung nicht aus. Wichtig neben Form und Farbe der Fruchtkörper ist auch Form und Farbe der Lamellen bei Blätterpilzen, der Röhren bei Röhrlingen und Porlingen, sowie der Besitz einer Manschette am Stiel oder die Farbe der Sporen. Man kann sie leicht ermitteln, indem man einen Sporenabdruck herstellt. Man entfernt bei Hutpilzen den Stiel, legt den Hut auf ein Papier (farbig bei weißen Sporen) und deckt ihn ab, um ihn frisch zu halten. Nach ein paar Stunden, für einen guten Abdruck nach zwölf Stunden, erhält man das Abbild der Hutunterseite wie gemalt durch die herausgefallenen Sporen.
Außer diesen morphologischen Charakteristika sind Geruch, Ausscheiden von Flüssigkeit oder Verfärbung des Fleisches bei Druck oder Verletzung wichtige Merkmale. Hinzu kommen Alter und Zustand der Fruchtkörper, da sich daraus möglicherweise Farbänderungen ergeben. Mit Geschmacksproben sollte man zurückhaltend sein, denn die Gefahr einer Infizierung mit Eiern des Fuchsbandwurms ist immer gegeben. Nur gut gereinigte Pilze kommen in Frage. Zuerst prüfe man vorsichtig mit der Zungenspitze, denn einige Arten besitzen einen sehr nachhaltig wirkenden, scharfen oder bitteren Geschmack. Dann kann man kleine Stückchen sekundenlang kauen und wieder ausspucken. Auf keinen Fall sollten sie geschluckt werden, da bei manchen Giftpilzen schon kleinste Mengen gesundheitsschädlich sind. Oft läßt sich schon am Wuchsort des Pilzes abschätzen, welche Art man vor sich hat. Der

Standort ist ein häufig nicht beachtetes, aber nicht zu unterschätzendes Erkennungsmerkmal. Das eßbare Stockschwämmchen wächst an Stümpfen in Laubwäldern, der ähnliche, tödlich giftige Nadelholzhäubling kommt, wie der Name verrät, hauptsächlich in Nadelwäldern vor.
Obwohl Pilze seit Jahrhunderten gesammelt und gegessen werden, sollte man berücksichtigen, daß die Verträglichkeit auch der wenigen, sehr guten Speisepilze bei verschiedenen Personen unterschiedlich ist. In einigen Fällen können allergische Reaktionen ausgelöst werden. Von Pilzen, die man das erste Mal verzehrt, sollte man zur Sicherheit nur eine kleine Portion probieren.
Generell gilt: Nie Pilze essen, die nicht ganz sicher als eßbar identifiziert sind.
In vielen Regionen und den meisten Städten in Deutschland gibt es Pilzberatungsstellen, in denen Fachleute als staatlich anerkannte Pilzberater mit Rat und Tat zur Seite stehen und Ihr Sammelgut begutachten.

Wissenswertes über die Pilze

Im volkstümlichen Sprachgebrauch wird der Begriff Pilz meist für den oberirdisch, gut sichtbaren Fruchtkörper verwendet. Diese augenfällig in Erscheinung tretende Struktur stellt aber nicht den Gesamtorganismus dar. Der Pilzkörper wächst verborgen in der Erde, im oder auf Holz, auf tierischen und pflanzlichen Substraten. Er besteht aus kleinen, fadenförmigen Hyphen, die ein ausgedehntes Pilzgeflecht, das Myzel bilden. Die Myzelien konnen uber Jahre und Jahrzehnte wachsen. Unter geeigneten Bedingungen werden die oberirdischen Fruchtkörper gebildet. Sie dienen der Produktion von Sporen, die sich in einer speziellen Fruchtschicht, dem Hymenium, entwickeln und nach der Reife auf unterschiedliche Weise verbreitet werden. Gelangen sie auf geeignetes Terrain, wachsen sie zu neuen Hyphen heran, bilden ein Myzel, und ein neuer Kreislauf beginnt.
Die Pilzfruchtkörper sind äußerst variantenreich. Die meisten sind deutlich in Hut und Stil gegliedert und werden als Hutpilze bezeichnet. Andere sind kugelig, das Hymenium ist im Inneren eingeschlossen, sie tragen den Namen Bauchpilze. Wieder andere wachsen halbkreisförmig, stiellos oder mit schmalerer Basis ansitzend an Baumstämmen und Stümpfen, man nennt sie Konsolenpilze. Becherpilze bilden schüsselartige Fruchtkörper und Gallertpilze sind oft unregelmäßig geformt und von gelatinöser Konsistenz.

Pilze sind nicht allein in ihrer Gestalt vielseitig, sondern auch in ihrer Lebensweise. Die Mehrzahl lebt saprophytisch. Sie ernähren sich von totem, organischem Material tierischen oder pflanzlichen Ursprungs und spielen als Zersetzer im Nährstoffkreislauf eine wichtige Rolle. Manche von ihnen sind sehr spezifisch in ihren Ansprüchen, sie wachsen nur auf bestimmten Substraten oder sind spezialisiert auf bestimmte Holzsorten oder Baumarten.
Zwischen Bäumen und Pilzen besteht eine besondere Beziehung. Sie leben in Symbiose, die man als Mykorrhiza bezeichnet. Die Pilzhyphen umspinnen die Feinwurzeln der Bäume in Form eines dichten Geflechtes und erschließen dem Partner mineralische Nährstoffe aus dem Boden und verbessern seine Wasseraufnahme. Als Gegenleistung erhält der Pilz vom Baumpartner organische Nährstoffe, eine hochspezialisierte und sehr individuelle Partnerschaft zu beiderseitigem Nutzen. Man hat herausgefunden, daß manche Bäume ohne Mykorrhiza-Partner nur äußerst schlecht gedeihen. Die meisten unserer in Deutschland heimischen Waldbäume sind Mykorrhiza-Bäume.

Wo Pilze wachsen

Pilze sind an verschiedenen Standorten zu finden. Manche sind als Spezialisten an ganz bestimmte Wuchsbedingungen gebunden, andere sind weniger wählerisch und kommen in unterschiedlichen Habitaten vor.

Wälder und Gehölze
Das sind ergiebige Fundorte für die verschiedensten Pilze. Sie wachsen in der Laub- oder Nadelstreu, auf und an frischen oder alten Baumstümpfen und Stubben, an der Basis von Bäumen, an aufrechten oder umgestürzten Stämmen, Ästen, Zweigen oder an Wurzeln. Manche sind stets unter der gleichen Baumart zu finden, andere bevorzugen entweder Nadel- oder Laubgehölze. Einige kommen nur auf Kalkböden oder auf sauren Waldböden vor.

Wiesen und Weiden
Viele interessante Arten, unter ihnen auch einige Speisepilze, wachsen auf Wiesen und Weiden. Manche sind leider sehr selten geworden, da sie an unbearbeitete, nährstoffarme Magerwiesen gebunden sind. Diese Flächen nehmen in Deutschland mehr und mehr durch Intensivierung der Grasland- und Weidewirtschaft unter Einsatz von Dünger ab. Die

Fruchtkörper der Wiesenpilze stehen oft in Kreisen, sogenannten Hexenringen. Das Phänomen kommt durch die spezielle Ausbreitung des Myzels im Boden zustande. Ausgehend von einem Zentrum, wächst das Myzel gleichmäßig in alle Richtungen, im Inneren sterben die Hyphen infolge Nährstoffmangels ab. An der Peripherie des Ringes entwickeln sich die Fruchtkörper, die alle einem einzigen Pilzkörper angehören.

Stickstoffreiches Grasland
Diese von Menschen geschaffenen (anthropogenen) Habitate zeichnen sich durch nährstoffreiche Böden aus, die besonders häufig stickstoffübersättigt sind. Solche Verhältnisse bieten nitrophilen, d. h. stickstoffliebenden Arten gute Wachstumsbedingungen.

Dünen
Küstenzonen werden von Pilzen besiedelt, die an diesen Standort in besonderer Weise angepaßt sind. Dabei wachsen in den äußeren, recht instabilen Dünenbereichen oft andere Arten als in den inneren, festen Zonen. Heidegebiete mit sauren, nährstoffarmen Böden sind ebenfalls ein Standort für die Spezialisten unter den Pilzen.

Sümpfe, Marschen und Moore
Abhängig von den Bodenverhältnissen, alkalisch oder sauer, und dem Bewuchs mit unterschiedlichen Baumarten variieren die Pilzarten an diesen Standorten. Sie wachsen in den Torfmoospolstern, zwischen nassem, moderndem Laub, saprophytisch auf verrottendem Holz oder als Mykorrhiza-Pilze unter den Gehölzen.

Brandflächen
Nach Bränden sind Böden steril und durch die entstandenen Aschen alkalisch. Verschiedene Pilze besiedeln neben Algen und Moosen als Pioniere diese Flächen. Mit der Zeit verändern sich die Bodenverhältnisse, und im Verlauf dieser Sukzession ändert sich auch das Artenmuster der Pilze.

Dung
Viele Pilze bevorzugen als Standort nährstoffreichen, tierischen Dung. Dabei weist der Dung von pflanzenfressenden Tieren, Kaninchen, Pferden und Vieh den größten Artenreichtum an Pilzen auf. Die Mehrzahl ist von mikroskopischer Größe, es kommen aber auch größere Hutpilze vor.

Fachbegriffe

Fruchtkörper: Sporenbildender Teil des Pilzkörpers
Habitat: Standort, an dem Organismen vorkommen
hygrophan: Farbänderung von Pilzhüten bei Feuchtigkeit
Hymenium: Sporenbildende Schicht des Fruchtkörpers
Hyphen: Dünne Pilzfäden, aus denen Myzel und Fruchtkörper aufgebaut sind
Kollar: Ringförmiger Wulst, trennt sporenbildende Schicht und Stiel
Lamellen: Blattartige Struktur, Träger des Hymeniums
Manschette: Häutiger Stielring
Myzel: Pilzgeflecht, aufgebaut aus Hyphen
Mykorrhiza: Lebensgemeinschaft zwischen Höheren Pflanzen und Pilzen, die mit ihren Hyphen deren Wurzeln umspinnen
Parasit: Schmarotzer an lebenden Organismen, die durch den Befall erheblich geschädigt werden können
Peridiole: Sporenbildene Struktur bei Nestpilzen
Poren: Mündungen der Röhren
resupinat: Flach anliegender Fruchtkörper, Unterseite nach oben gewendet
Röhren: Röhrenartige Struktur, Träger des Hymeniums
Saprophyt: Bezieht Nährstoffe von totem, organischem Material
Scheide: Häutige, sackartige Reste des Velums an der Stielbasis
Schneide: Kante oder Rand der Lamellen
Sklerotium: Zähes, hartes Dauerstadium von Pilzen aus dichtgepackten Hyphen
Sporen: Vermehrungs- und Verbreitungseinheit der Pilze
Symbiose: Lebensgemeinschaft zwischen Organismen zu gegenseitigem Nutzen
Velum: Schutzhülle, die junge Fruchtkörper ganz bestimmter Pilzarten ganz oder teilweise umgibt
wurzelnd: Unterirdisch verlängerte Stielbasis

J	F	M	A	M	J
J	A	S	O	N	D

Gelber Knollenblätterpilz

Amanita citrina

Hut:
6–10 cm, gewölbt, blaß zitronengelb, seltener weiß, mit schuppigen Velumresten bedeckt. Geruch nach rohen Kartoffeln

Stiel:
Weiß, glatt, mit weißer oder gelblichweißer Manschette, an der Basis knollig, in einer deutlich gerandeten Scheide

Lamellen:
Frei, weiß, Sporen weiß

Vorkommen:
In Laub- und Nadelwäldern im Sommer-Herbst

Verwechslung:
A. virosa ist tödlich giftig, stets weiß und besitzt eine große, sackförmige Scheide. *A. phalloides* ist ebenfalls tödlich giftig

Ein in Wäldern weit verbreiteter Ständerpilz, wächst bevorzugt unter Eichen und Buchen. Am typischen Geruch nach Kartoffelkeimen kann man ihn leicht von anderen Knollenblätterpilzen unterscheiden. Die weiße Form ist selten. Schwach giftig, unangenehm schmeckend.

J	F	M	A	M	J
J	A	S	O	N	D

Fuchsiger Scheidenstreifling

Amanita fulva

Hut:
4–10 cm, gewölbt, mit kleinem Buckel, gelb- oder orangebraun, am Rand gerieft

Stiel:
Lang, zart, weißlich ohne Manschette, aber mit einer sackartigen Scheide

Lamellen:
Frei, weißlich, Sporen weiß

Vorkommen:
In Mischwäldern, besonders unter Birken, im Frühsommer-Herbst

Verwechslung:
Verschiedene andere manschettenlose *Amanita*-Arten, die sich jedoch farblich unterscheiden und weit weniger verbreitet sind

Eine verbreitete Art, häufig im frühen Juni erscheinend. Auffällig lohfarbener Hut mit stark gerieftem Rand, in der Mitte glatt, ohne schuppige Velumreste. Er ist der bekannteste Vertreter aus der Gruppe der Scheidenstreiflinge, die sich durch den gerieften Rand, einen zerbrechlichen Stiel ohne Manschette und eine gut entwickelte Scheide auszeichnen. Der Fuchsige Scheidenstreifling aus der Familie der Wulstlingsartigen Pilze ist nur gut abgekocht eßbar.

J	F	M	A	M	J
J	A	S	O	N	D

Fliegenpilz

Amanita muscaria

Hut:
10–15 cm, gewölbt, scharlach- oder orangerot mit flockigen, weißen Schuppen

Stiel:
Bis 20 cm hoch, weiß, mit Manschette und knolliger, schuppiger Basis (Warzengürtel)

Lamellen:
Frei, weiß. Sporen weiß

Vorkommen:
Unter Birken oder Fichten, im Sommer-Spätherbst

Verwechslung:
Frisch unverwechselbar

Eine häufige, im frischen Zustand leicht zu erkennende Art in Birken- und Fichtenwäldern. Die anfangs leuchtend hellrote Farbe verblaßt später zu gelborange, die Flocken auf dem Hut werden bei Regen leicht abgespült. Das empfindliche Velum hinterläßt flockige Reste an der Stielbasis. Giftig, mit halluzinogener Wirkung, in vielen Teilen Europas wird der Fliegenpilz für rituelle Zwecke verwendet. Der Fliegenpilzaufguß wurde früher zum Töten von Fliegen benutzt.

J	F	M	A	M	J
J	A	S	O	N	D

Grüner Knollenblätterpilz

Amanita phalloides

Hut:
5–12 cm, gewölbt, olivgrün, radialstriemig, glatt oder mit weißen Velum-Resten

Stiel:
Weiß, frisch mit großer Manschette, knolliger Basis und großer, offener Scheide

Lamellen:
Frei, weißlich. Sporen weiß

Vorkommen:
In Buchen- und Eichenwäldern, im Sommer-Spätherbst

Verwechslung:
Der Hut von *A. citrina* ist gelblich, die Scheide kleiner

Tödlich giftiger Pilz. Für die meisten Pilzvergiftungen in Deutschland verantwortlich. Er enthält die besonders gefährlichen Amatoxine, die durch Erhitzen nicht zerstört werden und ernste Leberschäden verursachen. Erste Symptome, hervorgerufen durch Phallotoxin, treten 8–15 Stunden nach Genuß auf, die Amatoxinwirkung setzt später ein. In Eichenwäldern zu finden, gut erkennbar am grünlichen Hut, der großen Manschette und der deutlichen Scheide.

J	F	M	A	M	J
J	A	S	O	N	D

Perlpilz

Amanita rubescens

Hut:
6–12 cm, gewölbt, rötlichbraun mit graubraunen, schuppenartigen Velum-Überresten

Stiel:
Weißlich oder rötlichbraun, mit Manschette und wulstiger, schuppiger Basis

Lamellen:
Frei, weiß, häufig rotbraun gefleckt. Sporen weiß

Vorkommen:
In Laub- und Nadelwäldern, im Frühsommer-Spätherbst

Verwechslung:
A. excelsa und *A. pantherina* besitzen kein rötendes Fleisch

Die Bezeichnung *rubescens* bezieht sich auf die rötliche Verfärbung des Fleisches bei Verletzung, gut zu beobachten an Schneckenfraßstellen. Er ist ein häufiger Waldpilz, nach gründlichem Kochen eßbar. Roh enthält er hämolytisch wirksame Substanzen. Man sollte ihn besser meiden, da er leicht mit giftigen Arten, wie *Amanita pantherina* verwechselt werden kann.

J	F	M	A	M	J
J	A	S	O	N	D

Stinkschirmling

Lepiota cristata

Hut:
2–5 cm, glockig, später ausgebreitet, mit zentralem Buckel. Weißlich, in der Mitte rötlichbraun und schuppig, unangenehmer Geruch

Stiel:
Schlank, weißlich bis hellbraun, mit zarter, häutiger Manschette

Lamellen:
Frei, weiß, dicht gedrängt. Sporen weiß

Vorkommen:
In Wäldern und Parkanlagen, im Sommer-Herbst

Verwechslung:
L. felina besitzt schwärzliche Hutschuppen, ist aber wenig verbreitet

Der häufigste aller kleinen *Lepiota*-Arten, in ganz Europa vertreten. Leicht erkennbar ist der rotbraun geschuppte Hut und der unangenehme Geruch. Häufig in Gruppen an Wegrändern und in der Laubstreu.

J	F	M	A	M	J
J	A	S	O	N	D

Rosablättriger Schirmling

Leucoagaricus leucothites

Hut:
6–10 cm, gewölbt bis flach ausgebreitet, glatt, weißlich

Stiel:
Weiß, mit dünner Manschette im oberen Bereich

Lamellen:
Frei, dicht gedrängt stehend, weiß bis blaßrosa. Sporen weiß

Vorkommen:
Auf Wiesen, in Parkanlagen, Gärten, im Sommer-Herbst

Verwechslung:
Agaricus arvensis besitzt dunkle Lamellen und Sporen

Ein häufiger Wiesenpilz. In der rosa Lamellenschattierung dem Wiesenchampignon ähnlich, jedoch mit weißen Sporen. Nach dem Kochen eßbar, verursacht bei manchen Personen Magenbeschwerden.

J	F	M	A	M	J
J	A	S	O	N	D

Parasolpilz

Macrolepiota procera

Hut:
10–25 cm, jung eiförmig, später schirmartig, blaßlederfarbig mit braunen, flockigen Schuppen

Stiel:
Bis 35 cm lang, schlank, mit brauner Natterung und doppelter, verschiebbarer Manschette

Lamellen:
Frei, weich, weißlich. Sporen weiß

Vorkommen:
In lichten Laubwäldern, im Sommer-Herbst

Verwechslung:
Der Safranschirmling ist kräftiger, ohne Natterung am Stiel

Einer der besten Speisepilze, in ganz Deutschland weit verbreitet. Wächst einzeln oder in Gruppen in lichten Wäldern, oft auf grasigen Stellen. Junge Fruchtkörper erinnern an Paukenschlegel, später schirmen sie auf, am Stiel verbleibt ein verschiebbarer Ring. Die Natterung des Stiels ist ein charakteristisches Merkmal.

J	F	M	A	M	J
J	A	S	O	N	D

Safranschirmling

Macrolepiota rhacodes

Hut:
8–20 cm, erst eiförmig, später flach ausgebreitet, mit Schuppen bedeckt, blaßlederfarbig, im Zentrum dunkelbraun. Fleisch bei Verletzung rötlich anlaufend

Stiel:
Weißlich, bei Druck rötlich verfärbend, an der Basis knollig, mit verschiebbarer Manschette

Lamellen:
Frei, cremefarbig. Sporen weiß

Vorkommen:
In Nadel- und Laubwäldern, Parkanlagen, im Sommer-Herbst

Verwechslung:
Parasolpilz und andere *Macrolepiota*-Arten ohne rötlich verfärbendes Fleisch

Von anderen Schirmlingen unterscheidet er sich durch sein bei Verletzung rötlich anlaufendes Fleisch und einen glatten Stiel. Jung paukenschlegelförmig, dann aufschirmend. Wächst einzeln oder in Gruppen an unterschiedlichen Standorten, auch in Parkanlagen. Der Safranschirmling ist genießbar, aber für manche Personen unverdaulich.

J	F	M	A	M	J
J	A	S	O	N	D

Hallimasch

Armillaria mellea

Hut:
4–12 cm, gelblich, in der Mitte dunkler, schuppig

Stiel:
Weiß oder gelblich, mit weicher, samtiger Manschette, manchmal an der Basis knollig verdickt

Lamellen:
Am Stiel herablaufend, weißlich oder cremefarbig. Sporen weiß

Vorkommen:
In Wäldern, im Sommer-Spätherbst

Verwechslung:
Andere *Armillaria*-Arten, auch *A. tabescens*, ohne Manschette

Ein verbreiteter Pilz, der in großen Büscheln wächst. Er parasitiert auf vielen Holzpflanzen und verursacht die faserige Weißfäule. Besiedelt auch Baumstümpfe und Totholz. Der Hallimasch verbreitet sich mit Hilfe seiner schwarzen, schnürsenkelartigen Hyphen, die unter die Rinde eindringen. Junge Fruchtkörper sind genießbar.

J	F	M	A	M	J
J	A	S	O	N	D

Amiant-Körnchen-schirmling

Cystoderma amianthinum

Hut:
2–4 cm, gewölbt mit zentralem Buckel, strahlend gelbbraun, feinkörnig, mit schuppigem Saum

Stiel:
3–5 cm lang, weißlich, im oberen Abschnitt gelbbraun, glatt, unterhalb der Manschette schuppig

Lamellen:
Am Stiel angewachsen, weißlich, dicht gedrängt stehend. Sporen weiß

Vorkommen:
In Wäldern, auf Moos und rasigem Untergrund, im Spätsommer-Spätherbst

Verwechslung:
C. granulosum und *C. jasonis* sind dunkler gefärbt

Cystoderma-Arten können besonders gut an der feinkörnigen oder pulverigen Oberfläche des Hutes und Stiels erkannt werden, hervorgerufen durch große, kugelige, in Ketten wachsende Zellen. Dieser Pilz ist der bekannteste seiner Gattung, bemerkenswert durch die leuchtend ocker- bis gelbbraune Farbe des Hutes und Stiels.

J	F	M	A	M	J
J	A	S	O	N	D

Beringter Erdritterling

Tricholoma cingulatum

Hut:
4–6 cm, gewölbt, später ausgebreitet, mit zentralem, leicht erhabenem Buckel, blaß graubraun, filzig beschuppt

Stiel:
5–8 cm hoch, zylindrisch, weißlich, mit wolliger Manschette

Lamellen:
Buchtig angewachsen, weißlich. Sporen weiß

Vorkommen:
Auf feuchtem Boden, meist unter Weiden, im Spätsommer-Herbst

Verwechslung:
Keine

Eine der wenigen *Tricholoma*-Arten, die eine Manschette am Stiel aufweist und die aus diesem Grund vergleichsweise einfach zu identifizieren ist. Der graue Hut und das Vorkommen unter Weiden sind charakteristisch für diese Art. Sie ist in Deutschland nicht weit verbreitet.

J	F	M	A	M	J
J	A	S	O	N	D

Gelbblättriger Ritterling

Tricholoma fulvum

Hut:
4–8 cm, gewölbt, später ausgebreitet, haselnußbraun, am Rand häufig auch gelblich

Stiel:
Bis 8 cm hoch, Farbe wie der Hut, faserig, gelbfleischig

Lamellen:
Am Stiel ausgebuchtet angewachsen, gelblich, braun gefleckt. Sporen weiß

Vorkommen:
In Wäldern, häufig unter Birken, im Spätsommer-Spätherbst

Verwechslung:
T. ustale und Verwandte besitzen weißes Fleisch

Eine der am weitesten verbreiteten *Tricholoma*-Arten, auch im Gebirge vertreten. An seinem gelblichen Fleisch und mehligen Geruch leicht zu erkennen. Er wächst als Mycorrhiza-Pilz in Symbiose mit Birken, ist aber auch unter Fichten zu finden. Verursacht Verdauungsstörungen.

J	F	M	A	M	J
J	A	S	O	N	D

Schwefelritterling

Tricholoma sulphureum

Hut:
3–8 cm, gewölbt, später etwas abgeflacht, schwefelgelb, glatt, Geruch unangenehm, leuchtgasartig

Stiel:
3–5 cm hoch, schwefelgelb

Lamellen:
Am Stiel ausgebuchtet angewachsen, schwefelgelb. Sporen weiß

Vorkommen:
In Wäldern, häufig unter Laubbäumen, im Sommer-Herbst

Verwechslung:
T. flavovirens ist geruchlos und besitzt weißliches Fleisch

Ein auffälliger Pilz aufgrund der intensiv gelben Farbe des gesamten Fruchtkörpers und des unverwechselbaren, an Leuchtgas erinnernden Geruchs. Viele volkstümliche Namen weisen auf die Färbung oder den unangenehmen Duft hin. *Sulphureum* bedeutet »schwefelig« auch »schwefelgelb«. Wächst unter Laub- und Nadelhölzern.

J	F	M	A	M	J
J	A	S	O	N	D

Erdritterling

Tricholoma terreum

Hut:
4–8 cm, erst kegelförmig, dann ausgebreitet, oft mit stumpfem Buckel in der Mitte, erst dunkelgrau bis braungrau, später filzig-wollig und oft leicht schuppig. Fleisch weiß, mild, ohne ausgeprägten Geruch

Stiel:
5–7 cm hoch, weißlich oder grau angehaucht, an der Basis oft keulenartig verdickt, glatt, zerbrechlich

Lamellen:
Buchtig, weißlich bis blaßgrau. Sporen weiß

Vorkommen:
Überwiegend in Nadelwäldern, im Sommer-Herbst

Verwechslung:
Verschiedene graufarbige Arten unterscheiden sich durch den Besitz eines weniger filzigen Hutes und eines bitteren Geschmacks

In Europa häufig vorkommend und weit verbreitet, hauptsächlich in Nadelwäldern, auf Kalkböden. Er ist mit Kieferngehölzen (*Pinus*) und Fichten (*Picea*) vergesellschaftet, wächst aber auch im Laubwald. Sein Geschmack ist mild. Dieses Merkmal und der graue, filzige Hut machen es leicht, diesen Ritterlingsartigen Pilz zu identifizieren.

J	F	M	A	M	J
J	A	S	O	N	D

Rötlicher Holzritterling

Tricholomopsis rutilans

Hut:
4–10 cm, gewölbt, dicht bedeckt mit kleinen rötlich-purpurfarbenen Schuppen

Stiel:
Bis 10 cm, zylindrisch, im oberen Abschnitt gelblich, zur Basis hin übergehend in rötlich, schuppig

Lamellen:
Buchtig angewachsen, dicht gedrängt stehend, gelblich. Sporen cremefarbigweiß

Vorkommen:
Auf morschem Nadelholz, im Sommer-Herbst

Verwechslung:
Keine

Der Pilz ist in Farbe und Form so charakteristisch, daß er kaum mit einem anderen verwechselt werden kann. Er ist in ganz Deutschland weit verbreitet, besiedelt Stämme und Stümpfe von Nadelhölzern, insbesondere Fichten. Eine verwandte Art, *T. decora* kommt ebenfalls an Nadelgehölzen vor, wächst jedoch nur in höheren Lagen.

J	F	M	A	M	J
J	A	S	O	N	D

Büschel-Rasling

Lyophyllum decastes

Hut:
4–8 cm, gewölbt, später ausgebreitet, am Rand häufig gewellt, braungraubraun, glatt

Stiel:
4–8 cm hoch, zylindrisch oder spitz zulaufend, faserig, zu mehreren an der Basis verwachsen, weißlich

Lamellen:
Am Stiel herablaufend, weißlichblaßgrau. Sporen weiß

Vorkommen:
In Wäldern, Parkanlagen, oft an Wegrändern, im Spätsommer-Spätherbst

Verwechslung:
L. fumosum mit dunklem Hut

Verbreitet in Deutschland. Er kommt an verschiedenen Standorten vor und wächst in dichten Büscheln mit mehr als 20 Hüten, die Stiele sind an der Basis verwachsen. Die Farbe des Hutes variiert, der dunklere *L. fumosum* ist in allen mikroskopischen Merkmalen identisch und stellt vermutlich nur eine Farbvariante dar.

J	F	M	A	M	J
J	A	S	O	N	D

Mairitterling

Calocybe gambosa

Hut:
5–12 cm, gewölbt, fleischig, weißlich bis cremefarbig oder blaß lohfarbig, glatt; stark mehliger Geruch

Stiel:
Weißlich, derb, glatt, zylindrisch, ohne Manschette und Scheide

Lamellen:
Weiß, buchtig angewachsen, dicht gedrängt stehend. Sporen weiß

Vorkommen:
Auf Wiesen und an Waldrändern, im Frühjahr ab April-Juni

Verwechslung:
In gutem Zustand kaum mit anderen Arten zu verwechseln

Ein exzellenter Speisepilz, der bereits im Frühjahr gesammelt werden kann. Er ist auf Grasland weit verbreitet und steht häufig in Ringen, die als »Hexenringe« bezeichnet werden. Sein cremefarbiger Hut und sein deutlich frischer, mehliger Geruch macht den Mairitterling unverwechselbar.

J	F	M	A	M	J
J	A	S	O	N	D

Breitblättriger Rübling

Megacollybia platyphylla

Hut:
6–11 cm, anfangs glockig, später abgeflacht, dunkelgraubraun, mit radialen Striemen

Stiel:
6–12 cm hoch, weißlich oder hellbraun, an der Basis mit langen, weißen Mycelsträngen

Lamellen:
Am Stiel angeheftet, weiß, sehr breit und entfernt stehend

Vorkommen:
In Laubwäldern, im Frühsommer-Herbst

Verwechslung:
Keine

Häufiger, besonders unter Buchen vorkommender Pilz. Gut an dem dunklen, radialstriemigen Hut zu erkennen und den weißen, an der Stielbasis ansitzenden Myzelsträngen. Oft an morschen Baumstubben und Totholz zu finden. Das Fleisch ist zäh und bitter, ungenießbar.

J	F	M	A	M	J
J	A	S	O	N	D

Amethyst-Lacktrichterling

Laccaria amethystea

Hut:
2–5 cm, gewölbt, später ausgebreitet, schwach geschuppt, tiefviolett

Stiel:
5–8 cm hoch, Farbe wie der Hut, längsfaserig und zäh

Lamellen:
Am Stiel angewachsen, dick, stehen weit auseinander, intensiv violett gefärbt, im reifen Zustand weiß gepudert. Sporen weiß

Vorkommen:
In Wäldern, Parkanlagen, im Sommer-Spätherbst

Verwechslung:
Wenn frisch, keine

Weit verbreitet, häufig in größeren Gruppen am Boden in Laub- und Nadelwäldern zu finden. Frische Exemplare sind lebhaft violett gefärbt und fallen leicht auf. Später verblassen sie, der Hut wird schorfig, das Erscheinungsbild verändert sich stark. Er ist als guter Speisepilz bekannt. Die Färbung bleibt bei diesem Ritterlingsartigen Pilz beim Kochen erhalten.

J	F	M	A	M	J
J	A	S	O	N	D

Rötlicher Lacktrichterling

Laccaria laccata

Hut:
2–5 cm, leicht gewölbt bis flach, rotbraun oder ziegelrot, getrocknet heller, leicht schorfig, am Rand streifig, unregelmäßig wellig verbogen

Stiel:
5–8 cm hoch, manchmal gedrungen, hutfarbig, längsfaserig und zäh

Lamellen:
Rosa, dick, stehen weit auseinander, im reifen Zustand mit Sporen weiß bestäubt

Vorkommen:
In Laub- und Nadelwäldern, im Sommer-Spätherbst

Verwechslung:
L. proxima ist regelmäßiger geformt mit helleren Lamellen. *L. bicolor* zeichnet sich durch seine lila Stielbasis aus. Beide eßbar

Weit verbreitete Art, wächst einzeln oder in Gruppen in Wäldern. Abhängig vom Alter und Zustand ist er in seinem Erscheinungsbild recht variabel. Bei Trockenheit ist der Hut schorfig, heller, fast weißlich, nur die Lamellen behalten ihre Färbung bei. Der Stiel erscheint in der Regel etwas verbogen. Der Rötliche Lacktrichterling ist ein genießbarer, jedoch recht zäher Pilz.

J	F	M	A	M	J
J	A	S	O	N	D

Keulenfüßiger Trichterling

Clitocybe clavipes

Hut:
3–8 cm, olivbraun bis graubraun, gewölbt mit zentralem Buckel, später abgeflacht oder leicht niedergedrückt,glatt. Fleisch weißlich

Stiel:
2–8 cm hoch, deutlich zur Basis hin verdickt, graubraun

Lamellen:
Weißlich bis cremiggelb, stark am Stiel herablaufend. Sporen weiß

Vorkommen:
In Wäldern, im Sommer-Spätherbst

Verwechslung:
C. nebularis mit grauem Hut, größer, ohne keulenförmigen Stiel, *C. geotropa* ist größer und heller

In Wäldern verbreitet, besonders unter Birken und Buchen. Der deutsche Name bezieht sich auf den keulenförmigen Stiel. Der dunkle Hut und Stiel stehen im Kontrast zu den hellen Lamellen. An diesen Merkmalen ist er gut zu erkennen. Das Fleisch riecht angenehm nach Bittermandel. Als Speisepilz ist er wenig geeignet, denn er kann allergische Reaktionen auslösen und ist vermutlich in Verbindung mit Alkohol giftig.

J	F	M	A	M	J
J	A	S	O	N	D

Nebelgrauer Trichterling

Clitocybe nebularis

Hut:
5–17 cm, gewölbt bis flach ausgebreitet, fleischig, grau, mit weißlichem Belag. Fleisch weiß

Stiel:
7–12 cm hoch, Farbe wie der Hut, zylindrisch oder zur Basis hin leicht verbreitert, glatt

Lamellen:
Am Stiel herablaufend, dichtgedrängt stehend. Sporen hellrosa

Vorkommen:
In Mischwäldern, im Sommer-Spätherbst

Verwechslung:
C. alexandri ist gelbbraun und weniger verbreitet

Ein großer, auffälliger Pilz, in Gruppen oder Kreisen (Hexenringen) zusammenstehend. Häufig in Mischwäldern zu finden. Der Hut besitzt einen weißlichen Belag, der durch auswachsende Hut-Hyphen gebildet wird. Frische Exemplare duften aufdringlich süßlich und erinnern annähernd an jungen Käse. Obwohl genießbar, sollte er als Speisepilz gemieden werden, da er Verdauungsstörungen verursachen kann.

J	F	M	A	M	J
J	A	S	O	N	D

Grüner Anistrichterling

Clitocybe odora

Hut:
3–7 cm, gewölbt, später ausgebreitet mit eingerolltem Rand, glatt, blaugrün. Geruch stark anisartig

Stiel:
3–5 cm hoch, oft gebogen, blaugrün, an der Basis weißlich

Lamellen:
Heller als der Hut, leicht am Stiel herablaufend. Sporen weiß

Vorkommen:
In Laub- und Nadelwäldern, im Sommer-Spätherbst

Verwechslung:
In gutem Zustand unverwechselbar aufgrund seines typischen Geruchs und der Färbung

Eine hübsche und auffällige Art, die leicht an ihrer blaugrünen Farbe und dem intensiv anisartigen Duft, der auch nach dem Kochen erhalten bleibt, zu erkennen ist. Einige andere *Clitocybe*-Arten duften ähnlich, sie sind jedoch cremefarben oder beige gefärbt. Er ist ein guter Speisepilz und als Mischpilz gut zu verwenden.

J	F	M	A	M	J
J	A	S	O	N	D

Riesen-Krempen-trichterling

Leucopaxillus giganteus

Hut:
10–30 cm, eingesenkt bis trichterförmig, weißlich, am Rand flaumig

Stiel:
Kurz, stämmig, weißlich

Lamellen:
Am Stiel herablaufend, dichtgedrängt, weißlich bis cremefarben. Sporen weiß

Vorkommen:
In Parks, auf Wiesen und Grasflächen, im Sommer-Herbst

Verwechslung:
Clitocybe geotropa ist größer, Hut mit zentralem Buckel

Die Art kommt häufig auf verschiedenen Grasflächen vor. Die großen, weißlichen und kurzstieligen Fruchtkörper bilden oft Hexenringe. Er gehört mit zu den größten Hutpilzen. Junge und frische Exemplare sind kaum mit anderen Arten zu verwechseln. Dieser Trichterling ist genießbar, aber nicht besonders empfehlenswert.

J	F	M	A	M	J
J	A	S	O	N	D

Kastanienroter Butterrübling

Collybia butyracea

Hut:
3–7 cm, im feuchten Zustand glänzend, mit zentralem Buckel, dunkelbraun, bei Trockenheit zum Rand hin heller

Stiel:
Faserig, später gefurcht, zur Basis hin verdickt, hutfarben

Lamellen:
Am Stiel angeheftet, weiß, dicht stehend. Sporen weiß

Vorkommen:
Im Mischwald, auf sauren Böden, im Sommer bis in den frühen Winter

Verwechslung:
C. distorta und *C. prolixa*, beide mit schlankerem Stiel und ohne dunklen Nabel. Beide sehr selten

Ein häufiger Waldpilz, der auch noch nach den ersten Frösten gefunden werden kann. Die Farbe variiert, aber der in feuchtem Zustand fettig glänzende Hut und der faserige, sich zur Basis hin verdickende Stiel sind charakteristische Merkmale. Der Farbkontrast zwischen Stiel und Lamellen ist ausgeprägt. Eine Unterart wird als *Collybia butyracea* var. *asema*, Horngrauer Rübling, bezeichnet.

J	F	M	A	M	J
J	A	S	O	N	D

Waldfreund-Rübling

Collybia dryophila

Hut:
3–5 cm, gewölbt bis abgeflacht, glatt, meist blaßgelborange

Stiel:
Farbe wie der Hut oder etwas heller, an der Basis verdickt, glatt, zäh

Lamellen:
Am Stiel angeheftet, cremefarben oder weiß. Sporen weiß

Vorkommen:
In Laub- oder Mischwäldern, im Frühjahr-Spätherbst

Verwechslung:
C. distorta, mit stärker gefurchtem Stiel, intensiver gefärbt und gewöhnlich größer, selten, in Nadelwäldern

Ein weit verbreiteter Pilz, der in allen Waldtypen vorkommt. Die Färbung des Hutes variiert stark, von weißlich über blaßhellbraun bis hin zu gelborange, was eine sichere Bestimmung erschwert. Er wächst in Gruppen und ist vom Frühjahr bis weit in den Herbst hinein zu finden. Dieser Pilz ist eßbar, aber wegen seines dünnen, faserigen Fleisches nicht ergiebig und wenig schmackhaft.

J	F	M	A	M	J
J	A	S	O	N	D

Spindeliger Rübling

Collybia fusipes

Hut:
3–7 cm, gewölbt, glatt, intensiv rotbraun

Stiel:
Gekrümmt, in der Mitte verdickt, zur Basis spitz zulaufend, faserig

Lamellen:
Dick, weit auseinander stehend, ungleich lang, weißlich, rot gefleckt. Sporen weiß

Vorkommen:
Am Fuß von Laubbäumen, an Stubben, besonders an Eichen, im Sommer-Spätherbst

Verwechslung:
In gutem Zustand keine

Ein verbreiteter Pilz, dessen volkstümlicher Name auf den spindelförmigen Stiel Bezug nimmt. Er wächst in ausgedehnten Büscheln, in der Regel an der Stammbasis von Eichen und Eßkastanien. Die rotbraue Färbung, der gefurchte, gedrehte Stiel sowie sein Standort machen ihn unverwechselbar. Dieser Rübling ist genießbar, aber wegen seines zähen Fleisches nicht empfehlenswert.

J	F	M	A	M	J
J	A	S	O	N	D

Gefleckter Rübling

Collybia maculata

Hut:
4–9 cm, gewölbt bis abgeflacht, glatt, weiß mit rotbraunen Flecken, gelegentlich vollkommen rotbraun. Fleisch zäh und faserig

Stiel:
Sehr lang, längsfaserig, zäh, an der Basis spitz zulaufend

Lamellen:
Dicht gedrängt stehend, frei, weiß oder rotbraun gefleckt. Sporen blaßrosa

Vorkommen:
In Laub- und Nadelwäldern, im Sommer-Spätherbst

Verwechslung:
Spindeliger Rübling, besitzt einen spindelförmigen Stiel und wächst in Büscheln

Einer der größten Vertreter innerhalb der Gattung *Collybia*, den man sehr häufig in der Laubstreu findet und der manchmal Hexenringe bildet. Die Grundfarbe des Gefleckten Rüblings ist weiß, jedoch sind sein Hut und Stiel unregelmäßig mit rotbraunen Flecken übersät (deutscher Name!). Dieser Rübling ist ungiftig, aber wegen seines zähen, faserigen Fleisches als Speisepilz nicht geeignet.

J	F	M	A	M	J
J	A	S	O	N	D

Brennender Rübling

Collybia peronata

Hut:
3–6 cm, gewölbt, später ausgebreitet, blaßgelbbraun, Geschmack scharf

Stiel:
4–7 cm hoch, blaßgelblich, im unteren Bereich deutlich haarig

Lamellen:
Am Stiel angeheftet und weit auseinander stehend, gelblich. Sporen weiß

Vorkommen:
In Laub- und Nadelwäldern, im Sommer-Spätherbst

Verwechslung:
C. alkalivirens und *C. fuscopurpure* sind dunkler rotbraun, mild im Geschmack und vergleichsweise selten

Ein weit verbreiteter Hutpilz, der bevorzugt unter Buchen vorkommt, aber auch unter anderen Bäumen wächst. Sein Erscheinungsbild ist etwas variabel, er kann jedoch an der wolligen Stielbasis und der gelben Farbe des Stiels identifiziert werden. Sein Fleisch ist zäh, gummiartig und entwickelt nach längerem Kauen einen ausgeprägten, brennendscharfen Geschmack. Der Brennende Rübling ist als Speisepilz nicht zu empfehlen.

J	F	M	A	M	J
J	A	S	O	N	D

Beringter Schleimrübling

Oudemansiella mucida

Hut:
3–8 cm, gewölbt, weißlich, schleimig, Rand gerieft

Stiel:
Bis 6 cm hoch, schlank, mit verdickter Basis, weißlich, mit Manschette

Lamellen:
Am Stiel angewachsen oder angeheftet, weit entfernt stehend, weiß. Sporen weiß

Vorkommen:
Abgestorbene Äste und Stümpfe, hauptsächlich an Buchen, im Spätsommer Spätherbst

Verwechslung:
Keine

Eine verbreitete Pilzart, die in größerer Anzahl in Büscheln fast ausschließlich auf abgestorbenem Buchenholz zu finden ist. Die schleimige, durchsichtige Hutoberfläche und die Manschette am Stiel machen den Beringten Schleimrübling unverwechselbar. Aus seinem Myzel gewinnt man Mucidin, ein Antibiotikum, das bei Hautpilzerkrankungen eingesetzt wird. Nach gründlichem Waschen ist dieser Schleimrübling eßbar.

J	F	M	A	M	J
J	A	S	O	N	D

Wurzelschleimrübling

Oudemansiella radicata

Hut:
3–8 cm, gewölbt, später ausgebreitet, braun, strahlenförmig faltig, bei Feuchtigkeit schleimig

Stiel:
Lang, im oberen Abschnitt weiß, verjüngt, darunter hellbraun, gestriemt, an der Basis wurzelartig verlängert

Lamellen:
Am Stiel angeheftet, weiß, oft mit braunen Rändern, weich. Sporen weiß

Vorkommen:
In Wäldern, auf Stümpfen, im Sommer-Spätherbst

Verwechslung:
O. longipes, mit samtigem Hut und Stiel

Eine in Laubwäldern vorkommende Art. Die Fruchtkörper wachsen auf verrottenden Baumstümpfen, bevorzugt auf Rotbuchen. Der an der Basis spindelförmige Stiel ist wurzelartig verlängert und kann außergewöhnlich weit in den Boden reichen. Es wird von einem Pilzexemplar berichtet, das 60 cm tief wurzelte. Er ist eßbar, aber nicht empfehlenswert.

J	F	M	A	M	J
J	A	S	O	N	D

Gemeiner Samtfußrübling

Flammulina velutipes

Hut:
2–8 cm, gewölbt, später ausgebreitet, gelborange, glatt

Stiel:
An der Spitze gelblich, sonst dunkelbraun und deutlich samtig, gebogen

Lamellen:
Am Stiel angeheftet, blaßgelb. Sporen weiß

Vorkommen:
An totem Laubholz im Winterhalbjahr

Verwechslung:
Keine

Die Art ist auch als Winterschwamm bekannt. Dieser Rübling erscheint erst sehr spät im Jahr, teilweise nach dem ersten Frost und ist während des gesamten Winterhalbjahrs zu finden. Er wächst in Büscheln an totem Laubholz. Sein dunkelbrauner, samtiger Stiel und sein gelborangER Hut machen ihn unverwechselbar. Als Speisepilz ist er geeignet.

J	F	M	A	M	J
J	A	S	O	N	D

Roßhaar-Schwindling

Marasmius androsaceus

Hut:
0,5–1 cm, gewölbt, später abgeflacht, rotbraun, radialstriemig. Fleisch zart

Stiel:
Sehr dünn, schwarz, glänzend, glatt

Lamellen:
Am Stiel angewachsen, hutfarben. Sporen weiß

Vorkommen:
Auf Koniferennadeln, im Spätsommer-Herbst

Verwechslung:
M. bulliardii und *M. rotula* besitzen hellere Hüte und um den Stiel ringartig verwachsene Lamellen (Kollar)

Eine verbreitete, recht unscheinbare Art. Der deutsche Name bezieht sich auf den dünnen, schwärzlichen Stiel und die zarten, schwarzen Hyphenstränge des Myzels, die an Roßhaar erinnern. Er wächst als Parasit auf Heide oder lebt saprophytisch auf Koniferennadeln, abgestorbenen Zweigen und in der Laubstreu. Die Struktur der Huthaut ist ungewöhnlich. Dieses Merkmal ist eher in der verwandten Gattung *Marasmiellus* typisch. Man rechnet ihn neuerdings zur Gattung *Setulipes*.

J	F	M	A	M	J
J	A	S	O	N	D

Nelken-Schwindling

Marasmius oreades

Hut:
2–5 cm, cremig-rostgelb bei Trockenheit, gewölbt, mit breitem, zentralem Buckel, glatt

Stiel:
Bis 8 cm hoch, blaßrostgelb, derb

Lamellen:
Frei bis angeheftet, entfernt stehend, weißlich, blaßrostgelb. Sporen weiß

Vorkommen:
Auf Wiesen in Reihen oder Kreisen (Hexenringen), im Frühjahr-Herbst

Verwechslung:
Einige ähnliche *Collybia*-Arten wachsen in Wäldern

Ein verbreiteter, auf Wiesen wachsender Pilz, der häufig Hexenringe bildet. Die Ringe weiten sich langsam über mehrere Jahre aus und fallen durch ein kreisförmig üppiges Wachstum des Grases auf. Die Fruchtkörper dieser Schwindlinge erscheinen an der äußeren Peripherie des Kreises. Um die Hexenringe ranken sich zahlreiche Mythen aus einer Zeit, in der es noch keine Erklärung für diese Erscheinung gab und sie deshalb als übernatürlich galten. Der Nelken-Schwindling ist ein guter Speisepilz. Vorsicht vor Verwechslung mit giftigen, am gleichen Standort wachsenden *Clitocybe*-Arten.

J	F	M	A	M	J
J	A	S	O	N	D

Halsband-Schwindling

Marasmius rotula

Hut:
0,5–1,5 cm, gewölbt, mit zentralem Buckel, weiß, radial gefurcht

Stiel:
Schlank, zäh, schwärzlich oder rotbraun, glatt, glänzend

Lamellen:
Am Stiel zu einem Ring verwachsen, weit entfernt stehend, Sporen weiß

Vorkommen:
In Wäldern, auf Ästen, Wurzeln etc., im Sommer-Herbst

Verwechslung:
M. bulliardii ist kleiner, mit dunkelbraunem Zentrum auf dem Hut, wächst auf Fallaub

Die Lamellen sind wie bei allen Schwindlingen typisch am Stiel zu einem charakteristischen Ring (Kollar) verwachsen. Dies verleiht der Unterseite des Hutes das Aussehen eines Rades, von dessen Nabe regelmäßige Speichen ausgehen. Der weißliche Hut dieses Pilzes ist in der Mitte eingesenkt, radial gefurcht und erinnert an einen kleinen Fallschirm.

J	F	M	A	M	J
J	A	S	O	N	D

Dehnbarer Helmling

Mycena epipterygia

Hut:
1–2 cm, glockig, gestriemt mit gekerbtem Rand, schleimig, blaßgrau bis gelblich

Stiel:
Bis 8 cm hoch, schlank, zitronengelb bis grünlich, schleimig

Lamellen:
Am Stiel angewachsen, weißlich, mit gallertigen Schneiden. Sporen weiß

Vorkommen:
In Nadelwäldern, zwischen abgestorbenen Nadeln und Holz, im Sommer-Herbst

Verwechslung:
Keine, Größe und häutige, gelatinöse Lamellen sind charakteristisch

Eine in Mitteleuropa allgemein verbreitete Art. Die Farbe kann variieren, der Stiel ist jedoch oft leuchtend zitronengelb gefärbt und schleimig. Der ebenfalls schleimige Hut ist von einer gallertigen Haut überzogen, die sich leicht ablösen läßt. Dieser Pilz zeichnet sich durch ein interessantes Phänomen aus: Lamellen und Myzel leuchten matt bei Dunkelheit.

J	F	M	A	M	J
J	A	S	O	N	D

Gelbweißer Helmling

Mycena flavoalba

Hut:
1–1,5 cm, kegelförmig, später ausgebreitet, striemig, weißlich bis cremefarben oder hellgelb, im Zentrum leuchtend gelb

Stiel:
Bis 4 cm hoch, schlank, weiß oder blaßgelb

Lamellen:
Am Stiel angewachsen, stehen weit auseinander. Sporen weiß

Vorkommen:
Auf Wiesen, manchmal in Wäldern, im Sommer-Spätherbst

Verwechslung:
Verschiedene der selten vorkommenden *Hemimycena*-Arten

Eine weniger verbreitete Art, die auf Grasflächen und in Wäldern in der Laubstreu vorkommt. Der recht kleine Pilz wächst in Gruppen und fällt durch die gelbe Farbe des Hutes auf, die allerdings auch etwas variieren kann. Bei älteren Exemplaren schirmt der Hut auf, wobei sich der Hutrand aufwärts biegt. Dieser Helmling ist eßbar, aber aufgrund der Größe und Brüchigkeit nicht empfehlenswert.

J	F	M	A	M	J
J	A	S	O	N	D

Rosablättriger Helmling

Mycena galericulata

Hut:
2–5 cm, kegelförmig, später ausgebreitet, mit zentralem Buckel, graubraun oder heller, am Rand gerieft

Stiel:
Bis 10 cm hoch, hutfarben, zäh, an der Basis flaumig behaart

Lamellen:
Am Stiel angewachsen, weiß, später rosa, miteinander aderig verbunden. Sporen weiß

Vorkommen:
An Totholz von Laubbäumen im Frühjahr bis in den Winter

Verwechslung:
M. inclinata mit rotbraunem Stiel, *M. maculata* mit rotbraunem Hut und ebensolchem Stiel, oft rotbraun gefleckte Lamellen

Eine sehr häufige Art und einer der größten Vertreter der Helmlinge. Er wächst in Gruppen auf abgestorbenen Ästen und an Stubben. Die Stiele sind an der Basis mit Flaum besetzt und oft miteinander verwachsen. Der Hut variiert in Farbe und Striemung, das Erscheinungsbild und der wurzelnde Stiel sind allerdings charakteristisch. Die Lamellen dieses Helmlings verfärben sich im Alter rosa.

J	F	M	A	M	J
J	A	S	O	N	D

Weißmilchender Helmling

Mycena galopus

Hut:
1–2 cm, glockenförmig oder gewölbt, grau oder weiß

Stiel:
Schlank, glatt, oft am Grund flaumig, hutfarben, sondert milchigen Saft bei Verletzung ab

Lamellen:
Am Stiel angeheftet, weißlich. Sporen weiß

Vorkommen:
In Wäldern, in der Laub- und Nadelstreu, manchmal an Totholz, im Sommer-Spätherbst

Verwechslung:
Verschiedene *Mycena*-Arten, ohne Milchabsonderung

Sehr weit verbreitet. Zwei verschiedenfarbige Formen existieren. Die typischere, graue Form wächst sehr häufig in der Laubstreu von Wäldern, die weiße Variante ist seltener. Beide Pilze sondern bei Verletzung des Stiels einen milchigen Saft ab. Neuerdings wird eine dunkle, schwärzliche Form *(M. leucogala)* als Varietät von *M. galopus* angesehen. Der Weißmilchende Helmling ist ungiftig, aber als Speisepilz bedeutungslos.

J	F	M	A	M	J
J	A	S	O	N	D

Buntstieliger Baumhelmling

Mycena inclinata

Hut:
1,5–3 cm, kegelförmig, später ausgebreitet, rotbraun, gestriemt, der Rand anfangs leicht gezähnt. Geruch unangenehm muffig-mehlig

Stiel:
4–10 cm hoch, schlank, rötlichbraun, im oberen Bereich heller

Lamellen:
Am Stiel angewachsen, weißlich, später fleischfarben. Sporen weiß

Vorkommen:
Auf toten Ästen und Stümpfen, gewöhnlich auf Eiche, büschelig, im Spätsommer-Spätherbst

Verwechslung:
M. galericulata ist nicht rotbraun, *M. maculata* geruchlos, *M. renati* geruchlos, Stiel einheitlich gelb, nicht häufig

Der verbreitete Pilz ist leicht an seinem ledrig zähen und zweifarbigen Stiel zu erkennen, der zur Basis hin deutlich dunkler, rotbrauner wird. Der Geruch nach muffigem Mehl ist ebenfalls typisch. Er wächst in der Regel in dichten Büscheln, bevorzugt auf Eichenstubben, weniger häufig auf anderen Harthölzern. Der Buntstielige Baumhelmling ist ungenießbar. Der Pilz ist wenig ergiebig und zäh; auch schmeckt er sehr unangenehm.

J	F	M	A	M	J
J	A	S	O	N	D

Stechender Helmling

Mycena leptocephala

Hut:
1–2 cm, glockenförmig, grau, mit hellerem, gestriemten Rand, starker Geruch nach Ammoniak

Stiel:
Bis 6 cm hoch, schlank, blaßgraubraun, glatt

Lamellen:
Am Stiel angeheftet, hellgrau. Sporen weiß

Vorkommen:
In Laub- und Nadelwäldern, in der Laubstreu, im Sommer-Spätherbst

Verwechslung:
M. stipata wächst in Gruppen auf totem Nadelholz, *M. aetites*, riecht nicht nach Ammoniak, wenig verbreitet

Eine verbreitete Art, die besonders in der Laubstreu und häufig an Totholz zu finden ist. Ein intensiver Ammoniakgeruch zeichnet den Stechenden Helmling und verwandte Arten aus. Die schlanken, einzeln oder gesellig, aber nie in Büscheln wachsenden Fruchtkörper dieses Pilzes machen eine genaue Identifizierung leicht.

Braunschneidiger Wiesenhelmling

Mycena olivaceomarginata

J	F	M	A	M	J
J	A	S	O	N	D

Hut:
1–2 cm, kegelförmig, honigfarben oder olivgelb, am Rand gestriemt

Stiel:
Schlank, hutfarben, im oberen Bereich heller, glatt

Lamellen:
Am Stiel angewachsen, weißlich bis hellgrau, mit gelbbraunen oder olivfarbenen Rändern. Sporen weiß

Vorkommen:
Auf Wiesen, im Sommer-Spätherbst

Verwechslung:
M. citrinomarginata ist leuchtender gefärbt, Lamellenränder gelb

Ein auf Wiesen und Weiden häufig in größeren Gruppen wachsender Pilz, oft in Gesellschaft mit ähnlichen Arten. Man kann ihn leicht an den gefärbten Lamellenrändern bestimmen. Eine Lupe ist dabei sehr hilfreich. Früher war dieser Pilz auch als *Mycena avenacea* bekannt.

J	F	M	A	M	J
J	A	S	O	N	D

Rettich-Helmling

Mycena pura

Hut:
2–5 cm, kegelförmig, später deutlich abgeflacht, lila oder rosa, am Rand gestriemt. Geruch nach Rettich

Stiel:
Bis 6 cm hoch, hutfarben, glatt, an der Basis weißfilzig

Lamellen:
Am Stiel angewachsen, etwas herablaufend, blaßrosa. Sporen weiß

Vorkommen:
In Wäldern, im Sommer-Herbst

Verwechslung:
M. pelianthina, mit dunklen Lamellenrändern

Dieser Helmling ist in Laub- und Nadelwäldern verbreitet. Er wächst auf dem Boden in der Laubstreu. Die Farbe variiert. Es kommen weiße und violette Formen vor, die alle einen stark ausgeprägten, intensiven Rettichgeruch verströmen. Der Rettich-Helmling enthält auch halluzinogen wirkende Substanzen.

J	F	M	A	M	J
J	A	S	O	N	D

Purpurschneidiger Bluthelmling

Mycena sanguinolenta

Hut:
0,5–1,5 cm, glockig, später ausgebreitet, in der Mitte buckelig, rotbraun, im Zentrum dunkler, Rand gerieft

Stiel:
Schlank, rötlich, bei Verletzung Geruch nach Rettich verströmend

Lamellen:
Am Stiel angewachsen, hutfarben, am Saum dunkelrot. Sporen weiß

Vorkommen:
In Wäldern, auf verrottenden Ästen und Stämmen, selten auf dem Boden, im Sommer-Herbst

Verwechslung:
M. haematopus ist kräftiger, ohne dunkle Lamellenränder

Der Purpurschneidige Bluthelmling ist in Mitteleuropa verbreitet. Seine schlanke Gestalt, gefärbte Lamellenränder und ein wässrigroter Saft kennzeichnen ihn. Er wächst gewöhnlich einzeln oder in kleinen Gruppen in der Laubstreu von Wäldern. Die Fruchtkörper dieser Art stehen über im Boden verrottendem Holz.

J	F	M	A	M	J
J	A	S	O	N	D

Gefalteter Nabling

Omphalina ericetorum

Hut:
1–3 cm, gelb bis rostgelb, gestriemt, später eingedrückt bis trichterförmig

Stiel:
1–2,5 cm hoch, schlank, manchmal gebogen, hutfarben, im oberen Abschnitt oft lila

Lamellen:
Weit am Stiel herablaufend, cremefarben bis rostgelblich. Sporen weiß

Vorkommen:
In Wäldern, auf feuchten, sauren Böden, zwischen Moos, das ganze Jahr, speziell im Frühjahr-Herbst

Verwechslung:
O. pyxidata ist rötlichbraun

Er ist bis in subalpine Regionen verbreitet. Der Pilz wächst – manchmal in großer Anzahl – auf feuchten, sauren Böden. Diese und einige verwandte Arten bilden in Symbiose mit Grünalgen einen Flechtenkörper (Lichenisierung). Die Partneralge *(Botrydina vulgaris)* ist in Form dunkelgrüner, gelatinöser Pusteln auf feuchtem, torfigem Boden häufig.

J	F	M	A	M	J
J	A	S	O	N	D

Gemeiner Heftnabling

Rickenella fibula

Hut:
0,5–1 cm, gewölbt, in der Mitte eingesenkt, orangegelb

Stiel:
Bis 4 cm hoch, schlank, blaßorange, glatt

Lamellen:
Weit am Stiel herablaufend, weißlich. Sporen weiß

Vorkommen:
In Moos und Gras, im Sommer-Herbst

Verwechslung:
R. swartzii ist heller, mit dunkler Hutmitte

Verbreitet an feuchten Standorten zwischen Moosen, gewöhnlich in Wäldern, aber auch auf Wiesen zu finden. Häufig wächst er gemeinsam mit *Rickenella swartzii*. Beide Pilzarten wurden früher wegen ihrer am Stiel herablaufenden Lamellen der Gattung *Omphalina* zugeordnet, denn *Omphalina*-Arten zeichnen sich durch dieses Merkmal aus.

J	F	M	A	M	J
J	A	S	O	N	D

Stäubender Zwitterling

Asterophora lycoperdoides

Hut:
1–2 cm, halbkugelig oder gewölbt, bräunlich, fein bestäubt

Stiel:
Kurz, zylindrisch, ohne Manschette

Lamellen:
Am Stiel angewachsen, dick, schwach entwickelt

Vorkommen:
Auf alten Fruchtkörpern, vorzugsweise auf schwärzenden Arten von *Russula*, im Sommer-Herbst

Verwechslung:
A. parasitica, schlanker, mit glattem Hut

Die ungewöhnliche Art wächst – besonders bei starker Feuchtigkeit und nasser Witterung – vorwiegend auf den Überresten des Schwärzenden Täublings, seltener auch auf anderen *Russula-* und *Lactarius*-Arten. Der Hut ist deutlich weiß bestäubt, mit besonderen, als Chlamydosporen bezeichneten Sporen. Die Lamellen dieses Zwitterlings sind dick, weich und schwach entwickelt.

J	F	M	A	M	J
J	A	S	O	N	D

Kegeliger Saftling

Hygrocybe conica

Hut:
1,5–4 cm, kegelförmig, glatt, seidig, rötlichorange, schwärzend

Stiel:
Bis 8 cm hoch, gelblich oder orange, schwärzend

Lamellen:
Frei bis angeheftet, blaßgelb, schwärzend. Sporen weiß

Vorkommen:
Auf Weiden und Wiesen, im Sommer-Spätherbst

Verwechslung:
H. conicoides, mit stumpfem, rötlichem Hut, rosaroten Lamellen, auf Dünen, selten

Der auf Weideland und Wiesen, bevorzugt in südlichen Regionen verbreitete Pilz dringt bis in alpine Zonen vor. Der kegelige Hut und sein im Alter oder bei Verletzung sich schwärzendes Fleisch sind charakteristische Merkmale dieser Pilzart. Die Bezeichnung *Hygrocybe nigrescens* wird als Synonym verwendet. Er spielte früher in der Volksmedizin eine Rolle, ist aber kein Speisepilz.

J	F	M	A	M	J
J	A	S	O	N	D

Wiesen-Saftling

Hygrocybe pratensis

Hut:
4–8 cm, anfangs glockig, mit erhobenem Buckel, später ausgebreitet, fleischfarben bis orangefuchsig, glatt, trocken

Stiel:
3–5 cm hoch, heller als der Hut, zur Basis hin leicht verjüngt

Lamellen:
Am Stiel weit herablaufend, auseinander stehend, heller als der Hut. Sporen weiß

Vorkommen:
Auf Wiesen und Weiden, im Herbst

Verwechslung:
H. nemoreus, ähnlich in der Farbe, schlanker, in Wäldern

Eine verbreitete, jedoch nicht sehr häufig vorkommende Art, die bis weit in alpine Höhenlagen vordringt. Der Wiesen-Saftling ist auf Wiesen und Weiden zu finden; sein Artname *pratensis* bedeutet »auf Wiesen wachsend«. Aufgrund seiner ungewöhnlichen, auffälligen Form, die an einen Kreisel erinnert, ist der Pilz kaum mit anderen Arten zu verwechseln. Er ist ein sehr guter Speisepilz.

J	F	M	A	M	J
J	A	S	O	N	D

Papageien-Saftling

Hygrocybe psittacina

Hut:
2–4 cm, schleimig, glockig, später ausgebreitet, gelb bis orange, mit einer blaugrünen, klebrigen Schicht überzogen

Stiel:
Schleimig, grün, zur Basis hin gelblich

Lamellen:
Am Stiel angewachsen, dick, blaßgelb, teilweise grün. Sporen weiß

Vorkommen:
Auf Gras, meist auf Weiden, weniger häufig in Wäldern, im Spätsommer-Spätherbst

Verwechslung:
Keine, die grüne Farbe ist kennzeichnend

Eine hübsche, aber sehr schleimige Art, die leicht an den unregelmäßig grün und gelb gefärbten Fruchtkörpern zu erkennen ist. Diesem charakteristischen Merkmal verdankt der Pilz seinen Namen. Die grüne Farbe kann verblassen, an der Stielspitze bleibt sie jedoch stets dauerhaft erhalten, selbst bei alten Exemplaren. Der Pilz ist auf Magerwiesen und lichten Stellen im Wald zu finden und wird leider immer seltener.

J	F	M	A	M	J
J	A	S	O	N	D

Weißer Saftling

Hygrocybe virginea

Hut:
1–4 cm, gewölbt, mit zentralem Buckel, glatt, weiß oder elfenbeinfarben, fettig glänzend

Stiel:
3–6 cm hoch, zylindrisch, weißlich, glatt

Lamellen:
Am Stiel herablaufend, entfernt auseinander stehend, weiß. Sporen weiß

Vorkommen:
Auf Wiesen und Weiden, im Herbst

Verwechslung:
Einige giftige, weiße *Clitocybe*-Arten

Der Weiße Saftling ist eine verbreitete Art, die bevorzugt auf Wiesen mit lehmigem Untergrund wächst und bis in alpine Regionen vordringt. Man kann diesen Pilz gut an seinem auffälligen, elfenbeinweißen Hut und weißen Stiel erkennen. Er tritt manchmal in Massen auf und wird als guter Speisepilz sehr geschätzt. *H. nivea*, früher als eigenständige Art geführt, wird heute als ein Synonym angesehen.

J	F	M	A	M	J
J	A	S	O	N	D

Frost-Schneckling

Hygrophorus hypothejus

Hut:
3–6 cm, gewölbt, später abgeflacht, schleimig, dunkel olivbraun. Fleisch gelblich

Stiel:
4–8 cm hoch, gelblich, gewöhnlich an der Basis zugespitzt, mit einer ringähnlichen Zone im oberen Abschnitt

Lamellen:
Am Stiel herablaufend, gelblich, weit auseinander stehend. Sporen weiß

Vorkommen:
In Kiefernwäldern, im Spätsommer bis in den Winter

Verwechslung:
Wachstumsperiode und Farbe sind unverwechselbar

Die Art erscheint ab Spätherbst, oft nach den ersten Frösten, worauf der volkstümliche Name hinweist. Der Frost-Schneckling ist in Nadelwäldern weit verbreitet und steht häufig zu mehreren beieinander. Man erkennt ihn gut an seinem dunklen, olivbraunen, schleimigen Hut und gelblichen Fleisch. Als Speisepilz ist er am besten getrocknet zu verwenden, als knuspriger, idealer Snack.

J	F	M	A	M	J
J	A	S	O	N	D

Birken-Speitäubling

Russula betularum

Hut:
2–5 cm, gewölbt, später ausgebreitet, rötlich, dann blaßrosa bis weißlich. Rand furchig. Fleisch dünn, brüchig. Beißendscharfer Geschmack

Stiel:
Weiß, an der Basis leicht verdickt

Lamellen:
Immer frei, weiß. Sporen weiß

Vorkommen:
Auf feuchten Böden unter Birken, im Spätsommer-Herbst

Verwechslung:
Keine

Eine in feuchten Birkenwäldern vorkommende Art, die sich von anderen *Russula*-Arten deutlich unterscheidet. Der Hut ist rosa bis weißlich gefärbt, die Huthaut läßt sich, ungewöhnlich für eine *Russula*-Art, komplett abziehen. Er ist wie andere beißendscharf schmeckende Arten der Gattung leicht giftig und sollte nie roh verzehrt werden. Nach dem Kochen ist dieser Pilz eventuell genießbar, es ist jedoch ratsamer, ihn nicht zu essen.

J	F	M	A	M	J
J	A	S	O	N	D

Violettgrüner Täubling

Russula cyanoxantha

Hut:
2–12 cm, gewölbt, später ausgebreitet, glatt, lila bis purpurn, mit grauen, gelben oder olivgrünen Flecken. Geschmack mild

Stiel:
4–7 cm hoch, weiß oder purpurfarben angehaucht

Lamellen:
Am Stiel angewachsen, biegsam, manchmal gegabelt. Sporen weiß

Vorkommen:
In Laubwäldern, häufig unter Buchen, Im Früh sommer-Herbst

Verwechslung:
Viele ähnliche Arten

Eine in Deutschland weit verbreitete Art, die in Laubwäldern, bevorzugt unter Buchen wächst. Die Hutfarbe kann stark variieren, eine lila Tönung ist jedoch stets vorhanden. An diesem Merkmal, zusammen mit den weißen Sporen, dem milden Geschmack und dem Standort, kann man den Pilz leicht identifizieren. Er ist ein guter Speisepilz, sollte jedoch nie roh verwendet, sondern vor dem Verzehr gut abgekocht werden.

J	F	M	A	M	J
J	A	S	O	N	D

Kirschroter Speitäubling

Russula emetica

Hut:
4–10 cm, gewölbt, später ausgebreitet, scharlachrot, glatt. Geschmack sehr scharf

Stiel:
3–8 cm hoch, reinweiß, an der Basis dicker, brüchig

Lamellen:
Am Stiel angewachsen, weiß bis blaßcremefarben, weitstehend. Sporen weiß

Vorkommen:
Unter Kiefern, im Sommer-Spätherbst

Verwechslung:
R. mairei, sehr ähnlich, aber unter Buchen

Eine bevorzugt in Kiefernwäldern vorkommende Art. Die auffällige, kirschrote Farbe des Hutes, der weiße Stiel und der sehr scharfe, beißende Geschmack sind charakteristische Merkmale. Es gibt mehrere rothütige *Russula*-Arten, was eine eindeutige Bestimmung erschwert. Dieser Speitäubling ist nicht eßbar, denn er verursacht Magenbeschwerden.

J	F	M	A	M	J
J	A	S	O	N	D

Gallen-Täubling

Russula fellea

Diese Art kann leicht am rhabarberähnlichen Geruch erkannt werden. Die strohgelbe Farbe des Fruchtkörpers ist ebenfalls ein charakteristisches Merkmal. Die Bezeichnung *fellea* bedeutet gallenbitter. Diese weit verbreitete Pilzart wächst meist unter Buchen, oft in Gesellschaft mit *R. mairei*, einer verwandten, rothütig und weißstieligen *Russula*-Art.

Hut:
4–8 cm, gewölbt bis abgeflacht, strohgelb. Geschmack sehr scharf, Geruch fruchtig

Stiel:
4–7 cm hoch, hutfarben

Lamellen:
Am Stiel angewachsen, blaßstrohfarben, dichtstehend. Sporen weiß

Vorkommen:
In Laubwäldern, vor allem unter Buchen, im Sommer-Spätherbst

Verwechslung:
Ocker Täubling mit hellerem, gelbem Hut, weißlichen Lamellen und weißem bis grauem Stiel

Wechselfarbiger Speitäubling

Russula fragilis

J	F	M	A	M	J
J	A	S	O	N	D

Hut:
2–6 cm, gewölbt bis abgeflacht oder eingesenkt, purpurrot, oft grün und violett getönt, brüchig. Geschmack sehr scharf

Stiel:
2–6 cm hoch, weiß, brüchig

Lamellen:
Am Stiel angeheftet, weiß, mit unregelmäßig gezähnten Rändern. Sporen weiß

Vorkommen:
In Wäldern, im Sommer-Herbst

Verwechslung:
Andere, scharf schmeckende Täublinge

Diese Art variiert sehr stark in der Farbe, kann aber an ihrem typischen Merkmal, den gesägten Lamellensäumen erkannt werden. Das zarte Fleisch zerbricht sehr leicht. Der Wechselfarbige Speitäubling ist in Mitteleuropa weit verbreitet und kommt sowohl in Laub- als auch in Nadelwäldern vor. Er verursacht wie alle scharfschmeckenden Täublinge schwere Verdauungsstörungen und sollte auf keinen Fall roh genossen werden. Am besten meidet man ihn.

J	F	M	A	M	J
J	A	S	O	N	D

Dickblättriger Schwärztäubling

Russula nigricans

Ein verbreiteter Waldpilz, der leicht zu erkennen ist. Der Fruchtkörper ist kräftig entwickelt und besitzt dicke, weit auseinander stehende Lamellen. Das Fleisch ist zuerst rötlich, im Alter verfärbt es sich dann schwärzlich. Der Geschmack ist leicht scharf, der Geruch erdig. Alte, vollkommen schwarze Exemplare überdauern oft den Winter. Bei feuchter Witterung wächst auf ihnen häufig »huckepack« *Asterophora lycoperdoides*.

Hut:
6–18 cm, gewölbt, später in der Mitte eingesenkt, jung weiß, später dunkelbraun bis schwärzlich, Fleisch rötend. Geschmack mild bis schwach scharf

Stiel:
3-8 cm weiß bis bräunlich oder schwarz

Lamellen:
Am Stiel angewachsen, creme- bis strohfarben, dann schwärzlich, dick, entfernt stehend. Sporen weiß

Vorkommen:
In Wäldern, im Sommer-Herbst

Verwechslung:
R. densifolia, mit dichteren Lamellen

J	F	M	A	M	J
J	A	S	O	N	D

Ocker-Täubling

Russula ochroleuca

Hut:
4–10 cm, gewölbt, später abgeflacht, ockergelb, am Rand leicht gerieft

Stiel:
4–7 cm hoch, weiß, dann ergrauend, oft geadert

Lamellen:
Am Stiel angeheftet, weißlich bis cremefarben. Sporen weißlich bis hellbeige

Vorkommen:
In Laub- und Nadelwäldern, im Sommer-Spätherbst

Verwechslung:
R. claroflava ist leuchtend gelb, mit gelblichen Lamellen, *R. lutea* mit dottergelben Lamellen

Der Pilz ist eine der am weitesten verbreiteten *Russula*-Arten, die in verschiedenen Waldtypen vorkommen, besonders in Nadelwäldern. Der gelbe Hut bleicht im Alter aus, im frischen Zustand ist er schleimig. Der Stiel erscheint mit zunehmendem Alter blaßgrau. Er schmeckt mild oder leicht scharf und kann gut abgekocht als Speisepilz verwendet werden.

J	F	M	A	M	J
J	A	S	O	N	D

Hut:
4–10 cm, gewölbt, purpurrot. Geschmack sehr scharf

Stiel:
4–7 cm hoch, gewöhnlich graulila

Lamellen:
Am Stiel angewachsen, gelblich. Sporen cremefarben

Vorkommen:
In Nadelwäldern, bevorzugt unter Kiefern, auf sauren Böden, im Sommer-Spätherbst

Verwechslung:
Andere, scharf schmeckende *Russula*-Arten ähnlicher Färbung

Zitronenblättriger Täubling

Russula sardonia

Eine in Kiefernwäldern häufige Art. Die Farbe des Hutes kann variieren, manchmal ist sie etwas stärker purpurfarben oder mit grüner bzw. gelber Tönung. Der gewöhnlich lilagraue Stiel ist gelegentlich auch weiß. Ein Tropfen Ammoniak ruft eine rosa Verfärbung des Fleisches hervor und wird als Test zur Identifizierung dieses Täublings eingesetzt.

J	F	M	A	M	J
J	A	S	O	N	D

Kampfer-Milchling

Lactarius camphoratus

Hut:
2–8 cm, gewölbt, später ausgebreitet und leicht eingedrückt, rotbraun, glatt, am Rand gerieft. Curryähnlicher Geruch, milder Geschmack

Stiel:
Bis 5 cm hoch, hutfarben

Lamellen:
Am Stiel herablaufend, rotbraun. Sporen weißlich

Vorkommen:
In Laub- und Nadelwäldern, besonders unter Kiefern, im Spätsommer-Spätherbst

Verwechslung:
L. serifluus mit ähnlichem Geruch, aber stumpfbraun

Eine verbreitete Art, die in Laub- und Nadelwäldern zu finden ist. Der ausgeprägte Geruch nach Curry, der sich besonders beim Trocknen des Pilzes entfaltet, sowie seine Farbe machen ihn eindeutig erkennbar. Das Fleisch sondert bei Verletzung eine wässrige, milchige Flüssigkeit ab. Die Art ist ein guter Speisepilz.

J	F	M	A	M	J
J	A	S	O	N	D

Edelreizker

Lactarius deliciosus

Hut:
4–9 cm, gewölbt, später mittig eingedrückt, orangerot, grünfleckig, gezont, Fleisch gelblich bis karottenfarben, später graugrün. Milder Geschmack

Stiel:
3–6 cm hoch, blaß, orange getupft, oft ins Grünliche übergehend

Lamellen:
Am Stiel angewachsen, etwas herablaufend, hellorange, bei Verletzung grünlich. Sporen blaß ockerbraun

Vorkommen:
Fast nur unter Kiefern, im Sommer-Herbst

Verwechslung:
L. sanguifluus mit blutrotem Milchsaft, *L. deterrimus* mit purpurrotem Milchsaft

Ein wohlschmeckender Speisepilz, der sehr geschätzt wird und wohl bereits im antiken Rom beliebt war. Fresken aus dem alten Herculaneum und Pompeji zeugen davon. Dieser Pilz wächst unter Kiefern, besitzt einen milden, angenehmen Geschmack und kann in vielfältiger Weise zubereitet werden.

J	F	M	A	M	J
J	A	S	O	N	D

Blasser Duftmilchling

Lactarius glyciosmus

Hut:
3–6 cm, gewölbt, später ausgebreitet, gräulichlila, Milchsaft weiß. Geruch kokosnußartig. Geschmack mild, leicht bitter

Stiel:
Bis 7 cm hoch, heller als der Hut, glatt

Lamellen:
Am Stiel angewachsen, herablaufend, blaßgraulila. Sporen weiß

Vorkommen:
In Wäldern, unter Birken, im Sommer-Herbst

Verwechslung:
L. mammosus, ähnlicher Geruch aber mit dunkelbraunem Hut, unter Nadelbäumen, sehr selten

Ein in offenen, grasigen Wäldern vorkommender Pilz, bevorzugt unter Birken. Er kann leicht an seinem typischen, kokosartigen Geruch und seinem hellen, grau gefärbten Hut erkannt werden. Als Speisepilz ist er wegen seines bitteren Geschmacks nicht zu empfehlen.

J	F	M	A	M	J
J	A	S	O	N	D

Leberbrauner Milchling

Lactarius hepaticus

Hut:
3–6 cm, gewölbt oder zentral eingesenkt, dunkelbraun, beim Trocknen heller. Milchsaft weiß, gelblich verfärbend. Geschmack scharf

Stiel:
Bis 5 cm hoch, hutfarben

Lamellen:
Am Stiel angewachsen, herablaufend, ockerbraun. Sporen weißlich

Lamellen:
Unter Kiefern, im Sommer-Spätherbst

Verwechslung:
Keine

Diese wenig verbreitete und seltene Pilzart ist gut am leberfarbenen Hut zu erkennen. Als eindeutiges Merkmal gilt auch der Milchsaft, der sich an der Luft sehr rasch von Weiß nach Gelb verfärbt, besonders wenn man ihn auf einem Taschentuch trocknen läßt.

J	F	M	A	M	J
J	A	S	O	N	D

Eichenmilchling

Lactarius quietus

Wie der Artname bereits verrät, kommt der Eichenmilchling in Eichenwäldern vor. Er ist von mildem Geschmack und als Speisepilz nach dem Abkochen geeignet. Sein Standort, der schwach gezonte, rötlichbraune Hut, der striemige Stiel und etwas ranzigölige Geruch sind charakteristische Kennzeichen.

Hut:
5–8 cm, gewölbt bis eingesenkt, mattrotbraun, schwach gezont mit dunklen Punkten. Geschmack mild. Geruch ölig. Milchsaft weiß, nicht verfärbend

Stiel:
3–7 cm hoch, hutfarben, schwach striemig, schwammig

Lamellen:
Am Stiel herablaufend, angewachsen, heller als der Hut. Sporen weiß

Vorkommen:
In Eichenwäldern, im Sommer-Herbst

Verwechslung:
L. chrysorrheus ist ähnlich, mit gelbem Milchsaft

J	F	M	A	M	J
J	A	S	O	N	D

Rotbrauner Milchling

Lactarius rufus

Hut:
4–8 cm, gewölbt, später ausgebreitet mit zentralem Buckel, rötlichbraun. Geschmack sehr scharf. Weißer, nicht verfärbender Milchsaft

Stiel:
Bis 8 cm hoch, hutfarben, an der Basis heller

Lamellen:
Am Stiel angewachsen, herablaufend, blasser als der Hut, dicht stehend. Sporen weiß

Vorkommen:
In Nadelwäldern, manchmal unter Birken, im Sommer-Herbst

Verwechslung:
Kampfer-Milchling mit mildem Geschmack und Currygeruch

Eine weit verbreitete Art in Nadelwäldern, bevorzugt auf sauren Böden unter Kiefern, in manchen Regionen auch unter Birken wachsend. Die Fruchtkörper erscheinen in großer Anzahl. Er ist gut zu erkennen an seinem fuchsroten Hut mit hervorstehendem, zentralem Buckel und dem scharfen Geschmack. Als Speisepilz ist er nicht zu empfehlen.

J	F	M	A	M	J
J	A	S	O	N	D

Gezonter Birkenmilchling

Lactarius torminosus

Hut:
6–12 cm, gewölbt, im Zentrum etwas eingesenkt und leicht schleimig, Rand eingerollt, zottig behaart, rosa mit konzentrischer, dunkler Zonierung. Fleisch und Milchsaft weiß. Scharfer Geschmack

Stiel:
5–8 cm hoch, flaumig bereift, blaßfleischfarben, oft mit rosa Punkten und Grübchen

Lamellen:
Leicht am Stiel herablaufend, rosa. Sporen beige bis gelblich

Vorkommen:
In Wäldern, unter Birken, im Spätsommer-Herbst

Verwechslung:
L. mairei ist stärker rotbraun, *L. pubescens* mit unzoniertem Hut

Die auffällige und weit verbreitete Art ist unter Birken zu finden. Es gibt einige ähnliche Arten, doch die Färbung und Zonierung des Hutes mit seinem zottigen Rand und der typische Standort sind unverwechselbare Kennzeichen dieses Milchlings. Der Geschmack dieses Pilzes ist beißend scharf. Er gilt als giftig, der Verzehr verursacht heftige, krampfartige Magen- und Darmbeschwerden.

J	F	M	A	M	J
J	A	S	O	N	D

Olivbrauner Milchling

Lactarius turpis

Hut:
6–18 cm, dunkelolivbraun, gezont, schleimig, in der Mitte eingedrückt, Rand filzig, eingerollt. Milchsaft weiß. Scharfer Geschmack

Stiel:
Kurz, 3–6 cm, olivbraun

Lamellen:
Dicht gedrängt, olivbraun gepunktet. Sporen weiß

Vorkommen:
Unter Birken und Fichten, in Laub- und Nadelwäldern, im Sommer-Spätherbst

Verwechslung:
L. blennius ist in der Regel kleiner, mit gepunktetem Hut

In Laub- und Nadelwäldern ist er verbreitet. Aufgrund seines auffällig großen Hutes mit schleimiger Oberfläche und schmutzig olivgrüner Farbe ist er unverwechselbar. Der kurze, stämmige Stiel und der sehr scharfe Geschmack sind ebenfalls charakteristische Merkmale. Er kommt auch an sumpfigen Plätzen unter Birken vor. Tropft man eine Ammoniaklösung auf das Fleisch, verfärbt es sich violett.

J	F	M	A	M	J
J	A	S	O	N	D

Rehbrauner Dachpilz

Pluteus cervinus

Hut:
3–10 cm, gewölbt, später abgeflacht, dunkelrußbraun, später heller werdend

Stiel:
Weißlich, striemig, braunfaserig

Lamellen:
Frei, dicht gedrängt, anfangs weiß, später rosa. Sporen weiß

Vorkommen:
An Totholz, vorwiegend an Laubholz, im Frühsommer-Spätherbst

Verwechslung:
P. salicinus ist grau mit weißen Streifen

Die verbreitete Art, auch als *P. atricapillus* bezeichnet, ist gewöhnlich einzeln an abgestorbenem Laubholz, an Stämmen und Stubben zu finden. Der Hut ist etwas wellig, besitzt eine auffällig dunkle, rußbraune Farbe und weiße Lamellen. Man kann ihn als Speisepilz verwenden, er verliert allerdings beim Kochen viel von seinem Geschmack.

J	F	M	A	M	J
J	A	S	O	N	D

Gelbgrüner Dachpilz

Pluteus chrysophaeus

Hut:
1,5–4 cm, anfangs kegelförmig, später ausgebreitet, olivgelb bis gelbbraun, fein gestriemt, manchmal im Zentrum geadert

Stiel:
3–6 cm hoch, zylindrisch, blaßcremefarben, glatt, an der Basis weiß behaart

Lamellen:
Frei, dicht gedrängt, gelblichrosa, später rosa. Sporen rosa

Vorkommen:
Auf verrottendem Laubholz, im Herbst

Verwechslung:
P. leoninus ist leuchtend goldgelb

Die wenig verbreitete, sehr seltene Art ist jedoch recht auffällig. Der Pilz wächst einzeln oder in Gruppen an verrottendem Laubholz. Die Bezeichnug *P. luteovirens* wird synonym verwendet. Es gibt verschiedene, gelbhütige *Pluteus*-Arten, die sich in Hut- und Stielfarbe unterscheiden. Die ähnliche Art *P. romellii* besitzt einen deutlich chromgelben Stiel und einen rotbraunen Hut mit gelbem Rand.

J	F	M	A	M	J
J	A	S	O	N	D

Samtiger Dachpilz

Pluteus umbrosus

Hut:
4–10 cm, gewölbt, braun, oft fein gestreift oder geadert, samtig, mit dunklen Schuppen besetzt, am Rand fransig

Stiel:
3–9 cm hoch, oft an der Basis knollig verdickt, weißlich, mit feinen, braunen Schuppen

Lamellen:
Frei, anfangs weißlich, später rosa mit dunklen Rändern. Sporen rosa

Vorkommen:
Auf totem Laubholz, im Sommer-Spätherbst

Verwechslung:
Keine, unverwechselbar

Die auffällige Art ist sehr leicht zu erkennen. Der Pilzhut ist dicht mit dunklen Schuppen feinsamtig übersät, ebenso der Stiel. Die Lamellen besitzen einen dunklen Rand. Er wächst auf verrottendem Holz verschiedener Laubbäume. Er ist nach dem Kochen genießbar, aber nicht sehr empfehlenswert.

J	F	M	A	M	J
J	A	S	O	N	D

Wolliger Scheidling

Volvariella bombycina

Hut:
6–18 cm, glockig, weißlich oder cremeweiß, Oberfläche seidigwollig behaart

Stiel:
6–12 cm hoch, an der Basis verdickt und von einer kelchartigen, weißen bis bräunlichen Scheide umhüllt

Lamellen:
Dicht gedrängt, frei, weiß, später rosa. Sporen weiß

Vorkommen:
An Laubhölzern, im Sommer-Herbst

Verwechslung:
Keine, unverwechselbar

Ein ausgesprochen auffälliger, leicht zu bestimmender, jedoch nicht sehr häufiger Pilz. Er wächst auf verschiedenen Baumarten, besonders auf Ulmen. Mit seinem weißen, seidigwolligen Hut und der kelchartigen, offenen Scheide ist er kaum zu verwechseln. Man sollte ihn wegen seiner Seltenheit nicht sammeln.

J	F	M	A	M	J
J	A	S	O	N	D

Großer Scheidling

Volvariella gloiocephala

Hut:
5–10 cm, eiförmig, später ausgebreitet, weißlich bis graubraun, schmierig bei Feuchtigkeit

Stiel:
6–9 cm hoch, weißlich. Scheide weiß oder grau

Lamellen:
Dicht gedrängt, frei, weiß, dann rosa. Sporen weiß

Vorkommen:
Auf Stroh, Kompost, im Sommer-Spätherbst

Verwechslung:
Amanita-Arten, sie besitzen jedoch weiße Sporen und eine Manschette

Der größte Vertreter der Gattung *Volvariella* ist in Deutschland jedoch nicht weit verbreitet. *V. speciosa* wird synonym verwendet. Die Scheidlinge zeichnen sich allgemein durch eine charakteristische, rosa Sporenfarbe und den Besitz einer Scheide aus, eine Manschette fehlt hingegen. Der Große Scheidling ist als Speisepilz geeignet. Eine verwandte asiatische Art wird erfolgreich kultiviert.

J	F	M	A	M	J
J	A	S	O	N	D

Geflammter Rötling

Entoloma clypeatum

Eine der wenigen eßbaren Arten innerhalb der Gattung Rötlinge sollte jedoch wegen der großen Verwechslungsgefahr mit giftigen Verwandten nicht verwendet werden. Der Geflammte Rötling wächst als Mykorrhiza-Pilz in Symbiose mit Gehölzen der Rosengewächse. Man kann ihn an seinem gebuckelten Hut, den rosa Lamellen und an seinem mehligen Geruch leicht erkennen.

Hut:
4–10 cm, glockenförmig, später ausgebreitet, mit zentralem Buckel, glatt, matt gelblichbraun bis graubraun, striemig, getrocknet heller. Mehlgeruch

Stiel:
3–8 cm hoch, weiß bis grau, an der Spitze feinkörnig

Lamellen:
Am Stiel angewachsen, weiß bis grau, später rosa. Sporen rosa

Vorkommen:
Unter Bäumen und Sträuchern der Familie Rosengewächse, im Frühjahr-Frühsommer

Verwechslung:
Andere helle und bräunliche Rötlinge, häufig giftig, *E. aprile* ist schlanker

J	F	M	A	M	J
J	A	S	O	N	D

Niedergedrückter Rötling

Entoloma rhodopolium

Hut:
3–7 cm, gewölbt bis abgeflacht, graubraun, getrocknet heller, glatt, geruchlos

Stiel:
4–9 cm hoch, zylindrisch, schlank, weißlich

Lamellen:
Gebuchtet angewachsen, weißlich, bei Sporenreife rosa. Sporen rosa

Vorkommen:
In Laubwäldern, im Sommer-Spätherbst

Verwechslung:
E. nidorosum ist brauner und riecht ausgeprägt nach Ammoniak

Ein weit verbreiteter und häufig in großen Gruppen in feuchten Wäldern vorkommender Pilz. Sein schlanker, weißer Stiel und der graubraune Hut sind gut erkennbare Merkmale. Er ist geruchlos. Zur genauen Identifizierung der *Entoloma*-Arten ist eine mikroskopische Untersuchung unbedingt notwendig.

J	F	M	A	M	J
J	A	S	O	N	D

Seidiger Rötling

Entoloma sericeum

Hut:
3–6 cm, gewölbt, später ausgebreitet, häufig mit zentralem Höcker, dunkelbraun, seidig, getrocknet blasser. Mehliger Geruch

Stiel:
3–6 cm hoch, schlank, graubraun, mit weißlicher Basis

Lamellen:
Am Stiel angewachsen oder angeheftet, dicht gedrängt, bei Sporenreife rosa. Sporen rosa

Vorkommen:
Auf Wiesen und Grasflächen, ganzjährig

Verwechslung:
E. sericeoides, mit stark eingesenkter Hutmitte

Weit verbreitet auf feuchten, grasigen Flächen, oft auf Wiesen und Weiden. Der dunkelbraune Hut besitzt im frischen Zustand einen ausgeprägt seidigen Glanz, der bei Trockenheit rasch verblaßt. Der Geruch ist mehlartig. Die Stielhöhe variiert in Abhängigkeit von der Länge des Grases am jeweiligen Standort.

J	F	M	A	M	J
J	A	S	O	N	D

Mehlräsling

Clitopilus prunulus

Hut:
4–10 cm, gewölbt, später ausgebreitet, weißlich, am Rand gewellt. Geschmack und Geruch mehlartig

Stiel:
2–4 cm hoch, weiß, etwas verjüngt, ohne Manschette

Lamellen:
Am Stiel herablaufend, cremefarben, bei Sporenreife rosa verfärbend. Sporen rosa

Vorkommen:
In Laubwäldern, im Sommer-Herbst

Verwechslung:
Einige *Clitocybe*-Arten, sie besitzen jedoch weiße Lamellen und Sporen

Verbreitet, er kommt in offenen Wäldern vor. Sein deutscher Name bezieht sich auf den ausgeprägten, mehligen Geruch. Die Hutoberfläche ist weich und besitzt Ähnlichkeit mit Ziegenleder. Er ist ein guter Speisepilz, doch ist Vorsicht geboten, da man ihn leicht mit giftigen *Clitocybe*-Arten verwechseln kann.

J	F	M	A	M	J
J	A	S	O	N	D

Fuchsiger Trichterling

Lepista inversa

Hut:
4–9 cm, gewölbt, später im Zentrum eingedrückt und trichterförmig, orangebraun, glatt, Rand eingerollt

Stiel:
Bis 5 cm hoch, hutfarben, an der Basis filzig

Lamellen:
Am Stiel herablaufend, weißlich bis cremefarben, dicht gedrängt. Sporen blaßcremefarben

Vorkommen:
In Laub-und Nadelwäldern, im Spätsommer bis in den Winter

Verwechslung:
Clitocybe infundibuliformis mit gewelltem Hutrand, blaßockerbraun

Dieser Pilz ist weit verbreitet in Nadel- und Laubwäldern und wird auch als *L. flaccida* bezeichnet. Was die Farbe anbelangt, ist der Fuchsige Trichterling recht variabel, er kann aber an der typisch trichterähnlichen und kreisrunden Form des Hutes, der sich im Alter unregelmäßig wellt, leicht identifiziert werden.

J	F	M	A	M	J
J	A	S	O	N	D

Violetter Rötelritterling
Lepista nuda

Hut:
6–12 cm, gewölbt, später ausgebreitet, violett, in der Mitte braunlila

Stiel:
hutfarben, an der Basis verdickt

Lamellen:
Am Stiel angewachsen, dicht gedrängt, blaßblauviolett. Sporen blaßrosa

Vorkommen:
In Wäldern in der Laubstreu, in Gärten, im Herbst bis in den Winter

Verwechslung:
Lilastieliger Rötelritterling mit hellem Hut und ebensolchen Lamellen. Einige *Cortinarius*-Arten mit braunen Sporen, zum Teil giftig

Die Art erscheint erst sehr spät im Jahr, oft nach dem ersten Frost. Der Pilz fällt durch seine lebhafte, violette Färbung auf. Er wächst im Nadelwald, kommt aber auch im Laubwald in der Laubstreu, in Parkanlagen und auf pflanzlichen Abfällen in Gärten vor. Er ist ein guter Speisepilz, sollte aber möglichst nicht roh verzehrt werden.

J	F	M	A	M	J
J	A	S	O	N	D

Lilastieliger Rötelritterling

Lepista saeva

Hut:
6–12 cm, gewölbt bis abgeflacht oder eingedrückt, blaßlehmfarbig

Stiel:
Bläulichlila, faserig

Lamellen:
Am Stiel angewachsen, dicht gedrängt, hutfarben. Sporen rosa

Vorkommen:
Auf Grasflächen, im Herbst bis in den Winter

Verwechslung:
Violetter Trichterling, mit violettem Hut und ebensolchen Lamellen

Weniger verbreitet als der Violette Rötelritterling. Er erscheint ebenfalls erst spät im Jahr, unterscheidet sich jedoch in der Färbung von seinem Verwandten. Sein Hut und die Lamellen sind schmutziggelb, der Stiel auffallend hellviolett. Er wächst besonders gern auf Grasflächen, oft in Form von Hexenringen. Abgekocht ist er ein guter Speisepilz.

J	F	M	A	M	J
J	A	S	O	N	D

Rötlicher Adernseitling

Rhodotus palmatus

Hut:
4–10 cm, rosa, mit netzartigen Falten, gelatinös, schmierig

Stiel:
Bis 5 cm hoch, gekrümmt, kurz, dick, blaßrosa

Lamellen:
Am Stiel angewachsen oder angeheftet, auseinander stehend, rosa. Sporen lachsrosa

Vorkommen:
Auf Totholz, gewöhnlich auf Ulmen, im Herbst-Winter

Verwechslung:
Keine

Diese auffällige Pilzart wächst bevorzugt auf abgestorbenen Ulmenstämmen. In den vergangenen Jahren wurde dieser Pilz im Zusammenhang mit dem Ulmensterben in Mitteleuropa bekannter. Die Huthaut frischer Exemplare ist gallertig. Er ist wegen seines bitteren Geschmacks ungenießbar.

J	F	M	A	M	J
J	A	S	O	N	D

Voreilender Ackerling

Agrocybe praecox

Hut:
3–8 cm, gewölbt, blaßgelblichbraun, glatt oder in der Mitte etwas rissig

Stiel:
5–10 cm hoch, weißlich, mit häutiger Manschette, zylindrisch, an der Basis leicht verdickt

Lamellen:
Am Stiel angewachsen, dicht gedrängt, anfangs weißlich, dann rötlichbraun verfärbend. Sporen weiß

Vorkommen:
An Wegrändern, auf Wiesen und Weiden, in Parks und Wäldern, im Frühjahr und Spätherbst

Verwechslung:
A. dura ist heller mit Velumresten am Hutrand

Der häufige, im Frühjahr, gelegentlich auch erst spät im Jahr erscheinende Pilz wächst überwiegend in Gruppen, kann aber auch einzeln stehen. Man erkennt diesen Ackerling gut an der Farbe und an seinem typischen Geruch nach Mehl. Der Besitz einer Manschette ist ebenfalls für die Art charakteristisch.

J	F	M	A	M	J
J	A	S	O	N	D

Gold-Mistpilz

Bolbitius vitellinus

Hut:
2–4 cm, kegelförmig bis glockig, jung glänzend gelb, alt bräunlich, klebrig

Stiel:
Schlank, hohl, sehr brüchig, weißlich bis blaßgelb

Lamellen:
Frei, dünn, anfangs gelb, dann bräunlich. Sporen braun

Vorkommen:
Auf gedüngtem Boden und organischen Abfällen, im Frühjahr-Spätherbst

Verwechslung:
Im frischen Zustand keine

Verbreitet auf gedüngten Böden, Mist, verrottendem Stroh und anderen organischen Abfällen. Er erscheint früh im Jahr. Junge Exemplare kann man gut an ihren geschlossenen, glänzendgelben, etwas klebrigen Hüten und dem dünnen, zarten Fleisch erkennen. Im Alter verblassen die Fruchtkörper und werden schmutzigbraun. Der kleine, zarte Pilz ist als Speisepilz ungeeignet.

J	F	M	A	M	J
J	A	S	O	N	D

Milchweißes Samthäubchen

Conocybe lactea

Hut:
1–1,5 cm im Durchmesser, 1–2 cm hoch, glockenförmig, wenig aufschirmend, weißlich bis cremefarben, radialfaltig, am Rand gestriemt

Stiel:
5–11 cm hoch, schlank mit basaler Knolle, weiß, etwas filzig

Lamellen:
Angeheftet bis frei, dicht gedrängt, bleich, später rostfarben mit weißen Kanten. Sporen weiß

Vorkommen:
Auf Wiesen und Rasenflächen, in Parks, im Spätsommer-Herbst

Verwechslung:
Keine

In Deutschland vorwiegend im Süden verbreitet. Der kleine Pilz wächst an verschiedenen, grasigen Standorten, in Gärten, Parkanlagen und wurde auch auf Sanddünen gefunden. Sein heller, ausgeprägt schlanker und kegelförmiger Hut macht ihn, im Gegensatz zu anderen *Conocybe*-Arten, besonders auffällig. Früher wurde er der Gattung *Bolbitius* zugeordnet.

J	F	M	A	M	J
J	A	S	O	N	D

Moos-Häubling

Galerina hypnorum

Hut:
4–10 mm, glockenförmig bis halbkugelig, orangebraun, bei Trockenheit heller, bis in die Mitte gestriemt

Stiel:
Bis 3 cm hoch, schlank, heller als der Hut, glatt

Lamellen:
Am Stiel angewachsen, gelblich bis rostbraun. Sporen rostbraun

Vorkommen:
In Moospolstern, in Wäldern, häufig in Gruppen, im Sommer-Herbst

Verwechslung:
Verschiedene *Galerina*-Arten, nur mikroskopisch unterscheidbar

Die Art kommt zwischen Moos in Wäldern oder an anderen, offenen Stellen einzeln oder in Gruppen vor. Die genaue Verbreitung ist unbestimmt, da diesbezügliche Angaben durch Verwechslung mit ähnlichen *Galerina*-Arten recht unsicher sind. Verwandte Arten kann man erst nach mikroskopischer Untersuchung abgrenzen.

J	F	M	A	M	J
J	A	S	O	N	D

Herbst-Häubling

Galerina autumnalis

Hut:
1,5–5 cm, gewölbt, später abgeflacht, striemig, gelbbraun bis fuchsbraun, trocken heller

Stiel:
3–8 cm hoch, hutfarben bis gelblichbraun, Manschette fehlt im Alter

Lamellen:
Am Stiel angewachsen, dicht gedrängt, hellbraun, später fuchsig bis rostfarben. Sporen weiß

Vorkommen:
An Stümpfen und Stämmen von Laubbäumen, im Herbst

Verwechslung:
Kuehneromyces mutabilis, ebenfalls auf Laubholz, mit schuppigem Stiel unterhalb der Manschette

Eine ausgesprochen stark giftige Pilzart. Der Herbst-Häubling enthält die gleichen toxischen Substanzen wie der Gelbe Knollenblätterpilz. Der nicht sehr große Pilz wächst einzeln oder in Büscheln an morschen Laubholzstümpfen und darf nicht mit dem eßbaren Stockschwämmchen verwechselt werden.

J	F	M	A	M	J
J	A	S	O	N	D

Stockschwämmchen

Kuehneromyces mutabilis

Hut:
3–7 cm, gewölbt, später ausgebreitet, mit zentralem Buckel, gezont, feucht orangebraun, bei Trockenheit von der Mitte ausgehend blaßockerbraun

Stiel:
Bis 8 cm hoch, mit Manschette, darüber glatt, hellbraun, darunter bis zur Basis dunkler, schuppig

Lamellen:
Am Stiel angewachsen, blaßzimtbraun. Sporen ockerbraun

Vorkommen:
An Laubbaum-Stubben, im Frühjahr- Herbst

Verwechslung:
Galerina marginata auf Nadelholz und *G. autumnalis* an Laubholz. Beide hochgiftig

Eine verbreitete Art, die in Büscheln an Stubben verschiedener Laubbäume wächst. Der Hut nimmt bei Nässe viel Wasser auf (hygrophan), die feuchten Bereiche erscheinen dunkler als trockene, so daß von der helleren Mitte aus eine dunkle Zonierung entsteht. Ein guter Speisepilz, aber dem tödlich giftigen Herbst-Häubling ähnlich.

J	F	M	A	M	J
J	A	S	O	N	D

Glimmerschüppling

Phaeolepiota aurea

Hut:
8–15 cm, gewölbt, später ausgebreitet, gelbbraun, körnig beschuppt

Stiel:
10–18 cm hoch, mit großer, lappiger Manschette, unterhalb bis zur Basis deutlich streifig gekörnt

Lamellen:
Am Stiel angewachsen, dicht gedrängt, weißlich, dann gelblich bis ocker. Sporen braun

Vorkommen:
Auf Lichtungen in Wäldern, im Sommer-Herbst

Verwechslung:
Rozites caperata besitzt eine glatte Hutoberfläche, Manschette fehlt

Der große, markante Pilz ist gut an seinem glänzend goldgelben Hut und der großen, lappigen Manschette zu erkennen. Am Alpenrand kommt er häufiger vor, in nördlichen Regionen ist er vereinzelt bis selten zu finden. Er ist eßbar, obwohl Vergiftungserscheinungen als möglich beschrieben worden sind. Man sollte ihn jedoch als Speisepilz meiden.

J	F	M	A	M	J
J	A	S	O	N	D

Kohlenschüppling

Pholiota highlandensis

Hut:
2–5 cm, gewölbt, später ausgebreitet, Rand mit Velumresten, ockerbraun, schleimig, Fleisch blaßgelb

Stiel:
3–7 cm hoch, mit Ringzone, gelbbraun, zur Basis hin dunkler

Lamellen:
Am Stiel angewachsen, gedrängt, lehmbraun. Sporen braun

Vorkommen:
Auf Brandflächen, im Frühsommer-Spätherbst

Verwechslung:
P. spumosa ist leuchtendgelb, stark schleimig, unter Nadelbäumen

Wenig verbreitet. Besiedelt einzeln oder in Gruppen den Boden von Brandflächen, worauf der deutsche Name Bezug nimmt. Früher zur Gattung *Flammula* gehörend, wird er heute als Untergattung den *Pholiota* zugerechnet, die sich durch leuchtende Farben und eine Ringzone am Stiel auszeichnet.

J	F	M	A	M	J
J	A	S	O	N	D

Sparriger Schüppling

Pholiota squarrosa

Hut:
4–11 cm, gewölbt, später ausgebreitet, strohgelb, trocken, dicht besetzt mit sparrig abstehenden, rostbraunen Schuppen

Stiel:
Bis 15 cm hoch, unterhalb der Manschette schuppig, an der Basis verjüngt, hutfarben

Lamellen:
Am Stiel angewachsen, blaßgelb, später rostbraun. Sporen braun

Vorkommen:
An der Basis von Bäumen, im Spätsommer-Spätherbst

Verwechslung:
P. aurivella, mit klebrigem Hut und anliegenden Schuppen, wächst in oberen Baumbereichen

Eine große, auffällige Art. Die Fruchtkörper wachsen in dichten Büscheln gewöhnlich an der Basis von Laubbäumen, besonders an Buchen. Selten steht er auch an Fichten. Er ist gut an dem trockenen, dicht beschuppten Hut und Stiel zu erkennen. Als schwachgiftiger Pilz verursacht er Verdauungsbeschwerden.

J	F	M	A	M	J
J	A	S	O	N	D

Geschmückter Gürtelfuß

Cortinarius armillatus

Hut:
6–12 cm, gewölbt bis abgeflacht fuchs- bis rostbraun, trocken, faserig

Stiel:
Lang, hellbeige bis bräunlich, mit 3–4 rötlichen Velumgürteln, an der Basis verdickt

Lamellen:
Am Stiel angewachsen, weiß, dann zimtbraun. Sporen braun

Vorkommen:
Unter Birken, auf sauren Böden, im Sommer-Herbst

Verwechslung:
Die roten Velumgürtel sind unverwechselbar

Dieser bekannte, stattliche und auffällige Pilz ist als einer der wenigen dieser Gattung leicht und sicher erkennbar. Die 3–4 roten Gürtel am Stiel sind ein unverwechselbares Kennzeichen dieser Art. Der Geschmückte Gürtelfuß ist genießbar, aber als Speisepilz nicht empfehlenswert.

J	F	M	A	M	J
J	A	S	O	N	D

Duftender Gürtelfuß

Cortinarius paleaceus

Hut:
1–3 cm, glockig, mit spitzem, zentralem Buckel dunkelbraun, bedeckt mit feinen, weißen Schuppen. Geranienähnlicher Duft

Stiel:
5–8 cm hoch, bräunlich, an der Basis violett getönt, mit Streifen weißer Schuppen

Lamellen:
Am Stiel angewachsen, lila, dann zimtbraun, dicht gedrängt. Sporen rotbraun

Vorkommen:
Auf feuchten Böden, in Laubwäldern, im Sommer-Herbst

Verwechslung:
C. paleiferus ohne lila Stielbasis, *C. hemitrichus* ist größer, geruchlos, ohne violette Stielbasis

Diese kleine, durch einen ausgeprägt kegelförmigen Hut gekennzeichnete Pilzart duftet intensiv nach Geranien. Haarfeine Schuppen auf dem Hut und die violett getönte Stielbasis sind weitere charakteristische Merkmale des Duftenden Gürtelfußes.

J	F	M	A	M	J
J	A	S	O	N	D

Langstieliger Schleimfuß

Cortinarius elatior

Hut:
4–9 cm, kegelförmig, später ausgebreitet, gelbbraun, oft an den Rändern violett getönt, radial gefältet, klebrig, im trockenen Zustand glänzend

Stiel:
Schleimig, zur Basis hin verjüngt, weiß im oberen Abschnitt, darunter schmierig violett

Lamellen:
Am Stiel angewachsen, blaßviolett, später rostbraun mit lila Kanten. Sporen rostbraun

Vorkommen:
In Wäldern, besonders unter Buchen und meist auf Lehmböden, im Sommer-Herbst

Verwechslung:
C. pseudosalor, mit violettem Stiel

Die Art wird in die Untergattung *Myxacium*, mit schleimigen Hüten und Stielen, eingeordnet. Der schleimige Stiel ist ein charakteristisches Merkmal von *C. elatior* und grenzt ihn von der ähnlichen Art *C. pseudosalor* ab, die einen violett gefärbten Stiel besitzt. Beide Pilze wachsen an unterschiedlichen Standorten, der erstere kommt in Laubwäldern, der letztere in Nadelwäldern vor.

J	F	M	A	M	J
J	A	S	O	N	D

Purpurfleckender Klumpfuß

Cortinarius purpurascens

Hut:
8–15 cm, gewölbt, rotbraun, mit violetter Tönung am Rand. Fleisch blauviolett

Stiel:
Stämmig, blauviolett verfärbend bei Verletzung, an der Basis knollig

Lamellen:
Gebuchtet, erst dunkelviolett, später rostbraun, bei Verletzung violett verfärbend. Sporen rostbraun

Vorkommen:
In Mischwäldern, im Herbst

Verwechslung:
Verschiedene, ähnliche Arten

Die Art wird in die Untergattung *Phlegmacium* eingeordnet, deren Vertreter sich durch einen schleimigen Hut, aber einen trockenen Stiel auszeichnen. Der recht große Pilz ist häufig, wächst in Nadel- und Laubwäldern und unterscheidet sich von ähnlichen Arten durch die blauviolette Verfärbung der Lamellen und des Stiels bei Verletzung. Er ist eßbar, aber leicht mit giftigen Arten zu verwechseln.

J	F	M	A	M	J
J	A	S	O	N	D

Blut-Hautkopf

Cortinarius sanguineus

Hut:
2–4 cm, gewölbt bis abgeflacht, trocken, leicht faltig beschuppt, blutrot bis karminrot

Stiel:
5–9 cm hoch, schlank, hutfarben, an der Basis heller

Lamellen:
Am Stiel angewachsen, blutrot, sehr dicht gedrängt. Sporen rostbraun

Vorkommen:
In Nadelwäldern, im Sommer-Herbst

Verwechslung:
C. cinnabarinus ist weniger schlank, wächst in Buchenwäldern

Ein typischer Vertreter der Untergattung *Dermocybe* mit den charakteristischen Merkmalen: trockener Hut und Stiel und in der Regel leuchtende Farbe, rot bis orange oder fuchsigbraun. Die verschiedenen Arten sind in ihrer Erscheinung recht ähnlich und nur schwer eindeutig und sicher zu bestimmen. Die leuchtend rote Farbe ist jedoch kennzeichnend für *C. sanguineus*. Der Pilz ist in Mitteleuropa in Nadelwäldern häufig.

J	F	M	A	M	J
J	A	S	O	N	D

Spitzgebuckelter Rauhkopf

Cortinarius speciosissimus

Hut:
5–9 cm, offen kegelförmig, fuchsbraun, orangebraun, trocken, filzig

Stiel:
Hutfarben, trocken

Lamellen:
Am Stiel angewachsen, rotbraun, entfernt stehend. Sporen rostbraun

Vorkommen:
Unter Nadelbäumen, auf sauren Böden, im Herbst

Verwechslung:
C. orellanus und *C. orellanoides* unter Laubbäumen, beide gleichfalls tödlich giftig

Eine in Deutschland sehr seltene und wenig verbreitete Art. Diese und einige andere Arten, wie *C. orellanus* und *C. orellanoides*, sind tödlich giftig. Sie enthalten ein Alkaloid, das durch Kochen und Trocknen nicht zerstört wird. Erste Vergiftungserscheinungen treten etwa 36 Stunden nach dem Verzehr auf und dauern einige Tage an. Nach 7–17 Tagen kann es zu Nierenversagen kommen.

J	F	M	A	M	J
J	A	S	O	N	D

Weißbeschleierter Flämmling

Gymnopilus junonius

Hut:
5–15 cm, gewölbt, streifig oder leicht schuppig, leuchtend rostorange

Stiel:
8–18 cm hoch, mit gelblicher Manschette, stämmig, zur Basis hin dick anschwellend, dann spitz zulaufend

Lamellen:
Am Stiel angewachsen, dicht gedrängt, gelb bis rostfarbig. Sporen weiß

Vorkommen:
An der Stammbasis von Laubbäumen, im Spätsommer-Herbst

Verwechslung:
Pholiota squarrosa, mit sparrigen, aufgebogenen Schuppen

Eine stattlicher Pilz, der in dichten Büscheln an der Basis von Laubbäumen wächst. Er ist der einzige innerhalb der Gattung, der eine Manschette besitzt. Dieses Merkmal, kombiniert mit der leuchtenden Farbe und der Stielform, machen seine Bestimmung leicht. Er ist ungenießbar, schmeckt bitter, enthält Psilocybin.

J	F	M	A	M	J
J	A	S	O	N	D

Geflecktblättriger Flämmling

Gymnopilus penetrans

Hut:
2–7 cm, gewölbt bis abgeflacht, leuchtend rostigbraun, etwas faserig

Stiel:
3–6 cm hoch, gelb, faserig

Lamellen:
Am Stiel angewachsen, dicht gedrängt, gelblich bis fuchsigbraun, später rostfarben. Sporen gelbbraun

Vorkommen:
Auf abgestorbenem Nadelholz, besonders an Kiefern und Fichten, selten an Laubholz, im Spätsommer-Spätherbst

Verwechslung:
G. sapineus, mit schuppigerem Hut, nur an Nadelholz

Diese in Mitteleuropa verbreitete Pilzart zeichnet sich durch ihre charakteristisch gefleckten Lamellen und die rostige Farbe aus. Der Geflecktblättrige Flämmling wächst gesellig in Gruppen und bevorzugt abgestorbenes Nadelholz. Wegen seines bitteren Geschmacks ist er als Speisepilz nicht geeignet.

J	F	M	A	M	J
J	A	S	O	N	D

Tongrauer Fälbling

Hebeloma crustuliniforme

Hut:
4–8 cm, gewölbt, blaßlehmbraun, im Zentrum dunkler, klebrig. Geruch nach Rettich

Stiel:
4–6 cm hoch, weißlich, an der Basis leicht verdickt, im oberen Bereich puderig, ohne Velum

Lamellen:
Lehmbraun, bei Nässe Tropfen ausscheidend. Sporen braun

Vorkommen:
In Laubwäldern, im Spätsommer-Spätherbst

Verwechslung:
H. longicaudum ist heller und größer, selten

Eine in Mitteleuropa weit verbreitete Pilzart, die in Laubwäldern häufig zu finden ist. Im frischen Zustand scheidet der Pilz an den Lamellen kleine Tröpfchen aus, die nach dem Trocknen dunkle Punkte hinterlassen. Der Tongraue Fälbling ist giftig. Die Art, die nach Rettich riecht, verursacht Magenkrämpfe und Durchfall.

J	F	M	A	M	J
J	A	S	O	N	D

Dunkelscheibiger Fälbling

Hebeloma mesophaeum

Hut:
2–5 cm, gewölbt bis abgeflacht, klebrig, blaßlehmbraun, im Zentrum rötlichbraun, mit gespinstartigen Velumresten am Rand

Stiel:
4–7 cm hoch, weißlich, an der Basis bräunlich, jung mit Ringzone

Lamellen:
Buchtig angewachsen, anfangs hell, später mattbraun, dicht gedrängt, nicht nässend. Sporen blaßbraun

Vorkommen:
In Wäldern, hauptsächlich unter Fichten und Kiefern, im Spätsommer-Spätherbst

Verwechslung:
H. strophosum, mit einfarbigem Hut, ausgeprägte Manschette

Diese Pilzart ist ein kleiner Vertreter aus der Gattung *Hebeloma*. Bei reifen Exemplaren bilden Reste des Velums ein gut zu erkennendes, netzartiges Gespinst am Rand des Hutes. Der Dunkelscheibige Fälbling bevorzugt Standorte mit Nadelgehölzen, Fichten oder Kiefern und kommt auch in bergigen Regionen vor.

J	F	M	A	M	J
J	A	S	O	N	D

Kegeliger Rißpilz

Inocybe rimosa

Hut:
2–7 cm, kegelförmig, später ausgebreitet, am Rand aufgebogen, eingerissen, auch aufgeschirmt in der Mitte stets kegelig, faserig, strohgelb. Mehliger Geruch

Stiel:
3–8 cm hoch, weißlich oder hellbraun, ohne Knolle

Lamellen:
Am Stiel angewachsen, dicht gedrängt, blaßgelblich, dann lehmbraun mit weißen Kanten. Sporen braun

Vorkommen:
Verschiedene Standorte, in Nadel- und Laubwäldern, im Sommer-Spätherbst

Verwechslung:
I. squamata, Hut weniger spitz und weniger faserig, selten

Früher bekannt unter der Bezeichnung *I. fastigiata*. Der Kegelige Rißpilz ist an verschiedenen Standorten zu finden: in Wäldern, Parkanlagen und an Wegrändern. Man erkennt diese Art gut an ihrem kegeligen, faserigen Hut. Wie viele Vertreter der Rißpilze enthält er das Alkaloid Muscarin und ist daher hochgiftig.

J	F	M	A	M	J
J	A	S	O	N	D

Erdblättriger Rißpilz

Inocybe geophylla

Hut:
1,5–3 cm, kegelig, später ausgebreitet und aufreißend, mit deutlichem Buckel, seidig, weiß, oft im Zentrum gelblich

Stiel:
Bis 6 cm hoch, weiß, zylindrisch, faserig

Lamellen:
Am Stiel angeheftet, cremefarben, dann lehmbraun. Sporen ockerbraun

Vorkommen:
In Wäldern, an Wegrändern, im Sommer -Spätherbst

Verwechslung:
Entoloma sericella, mit rosa Lamellen

Verbreitet in Laub- und Nadelwäldern. Er wächst in Gruppen, auch an Wegrändern. Eine lila und eine violette Form kommen häufig am gleichen Wuchsort vor. Beide sind hochgiftig. Die Arten der Gattung *Inocybe* zeichnen sich durch die kegelhütige Gestalt aus. Außerdem reißt der Hutrand im Alter strahlig auf.

J	F	M	A	M	J
J	**A**	**S**	**O**	**N**	D

Gefleckter Rißpilz

Inocybe maculata

Hut:
2–7 cm, breitglockig, radial faserig, rehbraun, gewöhnlich mit weißen Velumresten. Geruch herb

Stiel:
3–8 cm hoch, weißlich, später hutfarben, Basis knollig

Lamellen:
Am Stiel angewachsen, blaßgraubraun, Ränder weiß. Sporen ockerbraun

Vorkommen:
In Wäldern, unter Buchen, im Herbst

Verwechslung:
I. rimosa, jedoch spitzkegelig, weißlich

Die in Mitteleuropa weit verbreitete Art ist häufig in Buchenwäldern und an Wegrändern anzutreffen, bevorzugt auf Kalkböden. Der Hut von jungen Fruchtkörpern des Gefleckten Rißpilzes ist gewöhnlich mit weißlichgrauen Velumresten flockig überzogen. Sie können – besonders bei älteren Exemplaren – auch fehlen.

J	F	M	A	M	J
J	A	S	O	N	D

Gemeines Stummelfüßchen

Crepidotus variabilis

Hut:
0,5–2 cm, fächerförmig, weiß, faltig, seitlich am Substrat angewachsen

Stiel:
Nicht vorhanden

Lamellen:
Von einem Punkt fächerförmig ausgehend, weißlich, später rosabraun. Sporen rosabraun

Vorkommen:
An Totholz, ganzjährig

Verwechslung:
Verschiedene *Crepidotus*-Arten, Unterscheidung nur mikroskopisch möglich

Diese weit verbreitete Pilzart wächst auf Stöcken und Ästen, gelegentlich auch auf anderen pflanzlichen Substraten. Das Gemeine Stummelfüßchen ist eine der zahlreichen Arten dieser Gattung, die gemeinsam an ähnlichen Standorten vorkommen und nur mit Hilfe mikroskopischer Untersuchung zu unterscheiden sind.

J	F	M	A	M	J
J	A	S	O	N	D

Gemeiner Trompetenschnitzling

Tubaria furfuracea

Hut:
2–3,5 cm, gewölbt, später flach, rötlichbraun, Rand gerieft, mit weißlichen, schuppigen Velumresten

Stiel:
2–5 cm hoch, schlank, an der Basis leicht verdickt, bräunlich

Lamellen:
Am Stiel etwas herablaufend, braun, weit auseinander stehend. Sporen gelblichbraun

Vorkommen:
Auf abgestorbenem Holz, ganzjährig, besonders häufig im Herbst

Verwechslung:
T. conspersa, der Hut ist mit einem dünnen Schleier überzogen, Lamellen kaum herablaufend

Der Trompetenschnitzling ist eine verbreitete Art, die in kleineren Gruppen oder einzeln an Holzstücken wächst. Es existieren mehrere, verwandte Arten, die eindeutig nur mit Hilfe mikroskopischer Untersuchung zu unterscheiden sind. An dem gestriemten Hut mit schuppenartigen Velumresten am Rand kann man diese Art jedoch auch mit bloßem Auge recht sicher und eindeutig identifizieren.

J	F	M	A	M	J
J	A	S	O	N	D

Weißer Anisegerling

Agaricus arvensis

Hut:
10–15 cm, gewölbt, weißlich, bei Verletzung gelblich verfärbt, schuppenfrei

Stiel:
Bis 12 cm, weiß, zylindrisch, an der Basis leicht verdickt. Manschette zweischichtig, mit weichen, bräunlichen Schuppen unterseits

Lamellen:
Jung weißlich, später dunkel schokoladenbraun, frei, dicht gedrängt. Sporen dunkelbraun

Vorkommen:
Auf Grasflächen, auf Wiesen, in Parkanlagen, im Sommer-Spätherbst

Verwechslung:
Karbol-Egerling

Ein weit verbreiteter, sehr guter Speisepilz mit angenehmem Geschmack. Er wächst auf Wiesen oder Weiden und formt häufig Hexenringe. Der große, kuppelartige Hut ist auffällig, ebenso die im Alter oder bei Verletzung einsetzende Verfärbung des Fleisches ins Gelbliche. Man darf ihn nicht mit dem giftigen Karbol-Egerling verwechseln, der sich jedoch im Geruch deutlich unterscheidet.

J	F	M	A	M	J
J	A	S	O	N	D

Riesen-Egerling

Agaricus augustus

Hut:
10–25 cm, gewölbt, später ausgebreitet, dicht mit gelbbraunen Schuppen besetzt, bei Verletzung gelb anlaufend, Geruch anisartig

Stiel:
10–20 cm hoch, oberhalb der Manschette weißlich, unterhalb beschuppt

Lamellen:
Jung blaßrosagrau, später dunkelbraun. Sporen dunkelbraun

Vorkommen:
In offenen Wäldern und Parkanlagen, im Sommer-Spätherbst

Verwechslung:
Andere schuppige Arten, jedoch mit rötendem Fleisch

Er ist ein außergewöhnlich auffälliger Pilz mit südlicher Verbreitung. Der Hut mit dichten, braunen Schuppen auf weißlichem Grund ist ein kennzeichnendes Merkmal, hinzu kommt der angenehme, anisartige Geruch. Das Fleisch verfärbt sich bei Verletzung gelblich. Der Riesen-Egerling ist ein sehr begehrter, äußerst wohlschmeckender Speisepilz.

J	F	M	A	M	J
J	A	S	O	N	D

Stadt-Egerling

Agaricus bitorquis

Hut:
5–10 cm, gewölbt, bis abgeflacht, fleischig, weißlich, nicht beschuppt

Stiel:
6–9 cm hoch, weißlich mit zwei Manschetten

Lamellen:
Anfangs rosa, später mattrot-braun. Sporen dunkelbraun

Vorkommen:
An Fußwegen, Straßenrändern, Wegrändern, auf Ödland, im Sommer-Spätherbst

Verwechslung:
Andere *Agaricus*-Arten mit einfachem Ring, *Amanita virosa* wächst an anderen Standorten

Eine in Deutschland nur lückenhaft verbreitete Art, die in Parkanlagen, an Wegrändern, Gehwegen, aber auch unter Straßenbäumen vorkommt. Der Pilz ist gut an der doppelten Manschette zu erkennen. Die untere umkleidet den Stiel fast wie eine Scheide. Er ist mit dem giftigen Weißen Knollenblätterpilz zu verwechseln, der jedoch andere Standorte besiedelt.

J	F	M	A	M	J
J	A	S	O	N	D

Wiesen-Egerling

Agaricus campestris

Hut:
4–10 cm, weißlich bis hellbraun, glatt oder leicht schuppig. Fleisch beim Schneiden rosa verfärbend

Stiel:
Weißlich, Manschette dünn, fehlt später häufig

Lamellen:
Frei, erst rosa, dann rötlich, später braun. Sporen dunkelbraun

Vorkommen:
Auf Wiesen und Weiden, im Frühsommer-Herbst

Verwechslung:
A. xanthoderma ist an der Stielbasis gelb. *Clitocybe*-Arten mit weißlichen, herablaufenden Lamellen

Der bekannteste und begehrteste Speisepilz ist einer der wenigen, die auch in rohem Zustand unbedenklich verzehrt werden können. Er kommt in wärmeren Regionen vor und ist auf Wiesen und Weiden häufig. Nicht selten formt er Hexenringe. Wird er für eine Pilzmahlzeit gesammelt, ist Vorsicht geboten, da am selben Standort ähnliche, nicht genießbare Pilzarten vorkommen können.

J	F	M	A	M	J
J	A	S	O	N	D

Wald-Egerling

Agaricus silvaticus

Hut:
5–10 cm, gewölbt, später abgeflacht, hellbraun mit faserigen, dunkelbraunen Schuppen. Rötendes Fleisch bei Verletzung

Stiel:
Weißlich, schlank, an der Basis knollig, mit brauner Manschette

Lamellen:
Frei, anfangs weißlich, dann rosa, später dunkelbraun. Sporen dunkelbraun

Vorkommen:
In Nadelwäldern, im Spätsommer-Spätherbst

Verwechslung:
A. haemorrhoidarius im Laubwald, *A. langei* ohne verdickte Stielbasis

Eine verbreitete, bevorzugt in Nadelwäldern auf Nadelstreu vorkommende Art. Der Hut ist schuppig, das Fleisch, besonders von jungen, frischen Exemplaren, verfärbt sich leuchtend rosarot bei Verletzung. Es ist ein ausgezeichneter Speisepilz mit einem milden Geschmack. Die Verwechslung mit *A. haemorrhoidarius* und *A. langei* ist ungefährlich, da diese nach dem Kochen auch eßbar sind.

J	F	M	A	M	J
J	A	S	O	N	D

Karbol-Egerling

Agaricus xanthoderma

Hut:
6–12 cm, gewölbt, weiß oder graubraun, gelb verfärbend bei Verletzung. Unangenehmer Geruch

Stiel:
Weißlich, gewöhnlich an der Basis verdickt und gelblich verfärbend bei Verletzung. Manschette groß, unterseits schuppig

Lamellen:
Blaß, dann rosa, später dunkelbraun. Sporen braun

Vorkommen:
In Gärten und Parkanlagen, auf Grasflächen, an Waldrändern, im Sommer-Spätherbst

Verwechslung:
A. arvensis, ist ebenfalls gelblich, aber mit angenehmem Geruch, Stielbasis nie gelb

Kommt oft an ähnlichen Standorten wie der Wiesen-Egerling vor, man kann ihn auch mit dem Weißen Anisegerling verwechseln. Er zeichnet sich durch die leuchtend gelbe Färbung der Stielbasis aus. Der unangenehme Geruch nach Tinte oder Karbol, der sich beim Kochen noch verstärkt, ist ebenfalls typisch. Einige Formen sind grau und besitzen einen schuppigen Hut. Der Karbol-Egerling ist giftig und verursacht Magenbeschwerden.

J	F	M	A	M	J
J	A	S	O	N	D

Faltentintling

Coprinus atramentarius

Hut:
3–6 cm breit, 3–7 cm hoch, oval bis glockig, später ausgebreitet, weißgrau oder blaßrehbraun, zentral leicht schuppig

Stiel:
Weißlich, brüchig, zylindrisch, zur Basis hin leicht verdickt

Lamellen:
Engstehend, frei, grau, später schwarz, zerfließen bei der Sporenreife. Sporen schwarzbraun

Vorkommen:
In Parks und Wäldern, an Straßen- und Wegrändern, im Frühjahr und Herbst

Verwechslung:
C. acuminatus, mit schmalerem Hut, sehr selten

Der verbreitete Pilz wächst als Kulturfolger in Gärten, Parks, an Weg- und Straßenrändern büschelig und durchdringt sogar Asphaltritzen. Früher wurde er zur Gewinnung von Tinte verwendet, indem man die reifen tintigen Hüte kochte. Der Faltentintling ist eßbar, jedoch sollte vor und noch lange nach dem Verzehr auf jeglichen Alkoholkonsum verzichtet werden, da sonst ernste Gesundheitsstörungen auftreten können.

J	F	M	A	M	J
J	A	S	O	N	D

Schopftintling

Coprinus comatus

Hut:
5–10 cm, hoch, zylindrisch, eng kegelig, schuppig, weißlich, an der Spitze bräunlich. Fleisch dünn

Stiel:
Lang, hohl, brüchig, mit loser schmaler Manschette

Lamellen:
Frei, ungleich lang, anfangs weiß, dann rosa, später schwarz und zerfließend. Sporen schwärzlich

Vorkommen:
Auf Grasflächen, Wiesen und Weiden, an Feld- und Wegrändern, im Sommer-Spätherbst

Verwechslung:
In frischem Zustand unverwechselbar

Eine weit verbreitete Art, die auf Grasflächen, in Gärten, an Weg- und Straßenrändern vorkommt. Man kann den Pilz gut an seinem engschaftigen, zottigen Hut erkennen, der sich bald nach Erscheinen des Fruchtkörpers vom Rand her schwarz verfärbt und rasch zu einer tintigen Masse zerfließt. Ganz junge Exemplare sind eßbar, nach dem Sammeln allerdings nicht lange haltbar.

J	F	M	A	M	J
J	A	S	O	N	D

Gesäter Tintling

Coprinus disseminatus

Hut:
0,5–1,5 cm, glockig, gestriemt, feinbehaart, grau bis blaßrehbraun. Fleisch sehr dünn und zart

Stiel:
Bis 3 cm hoch, dünn, blaßgrau, feinbehaart

Lamellen:
Grau, reif dunkler. Sporen schwarzbraun

Vorkommen:
An und rund um Stubben, an vergrabenem Holz, in Wäldern, im Frühsommer-Spätherbst

Verwechslung:
Keine

Gedeiht an schattigen Plätzen, gewöhnlich an Baumstubben und rund um alte Stümpfe und Stämme. Er wächst in dichten Büscheln, teilweise zu Hunderten eng zusammenstehend. Die Fruchtkörper sind extrem vergänglich und oft bereits nach 24 Stunden zerfallen. Die Lamellen des glockigen, gefälteten und dünnfleischigen Hutes zerfließen nicht, im Unterschied zu anderen Tintlingen.

J	F	M	A	M	J
J	A	S	O	N	D

Glimmertintling

Coprinus micaceus

Hut:
2–4 cm, glockenförmig oder stumpfkegelig, später ausgebreitet, furchig riefig, blaßorangebraun, bedeckt mit winzigen Glimmerschüppchen

Stiel:
Weißlich, brüchig, hohl, in der Länge variabel

Lamellen:
Weißlich, dann braun, später schwärzlich. Sporen schwarzbraun

Vorkommen:
In Wäldern und Parks, an und um alte Stubben, im Frühjahr-Spätherbst

Verwechslung:
C. truncorum ist nur mikroskopisch zu unterscheiden, selten

Eine weit verbreitete Art, die in großen Gruppen rund um alte Baumstümpfe oder am Grund von Laubbäumen wächst. Man kann ihn gut an den zahlreichen, körnigen Glimmerschüppchen erkennen, die den Hut junger Fruchtkörper bedecken. Im Vergleich mit anderen Tintlingen zerfließen die Lamellen weniger stark und produzieren keine dunkeltintige Flüssigkeit. Der Pilz ist ungenießbar.

J	F	M	A	M	J
J	A	S	O	N	D

Glimmeriger Scheibchentintling

Coprinus plicatilis

Hut:
Gewölbt, später auf 1–2,5 cm ausgebreitet, stark gefurcht, im Zentrum glatt

Stiel:
Bis 5 cm hoch, schlank, zerbrechlich, weißlich

Lamellen:
Weit auseinander stehend, am Stiel zu einem Ring verwachsen. Sporen purpurschwarz

Vorkommen:
In Parkanlagen und Gärten, auf Grasflächen, im Frühsommer-Herbst

Verwechslung:
Ähnliche Arten sind nur mikroskopisch zu unterscheiden

Eine verbreitete, sehr zartgestaltige Art, die mit ihrem stark furchig gestriemten Hut an einen winzigen Schirm erinnert. Die Fruchtkörper erscheinen einzeln oder auch in kleinen Gruppen. Sie sind dünnfleischig, sehr kurzlebig und überdauern meist nur einen Tag. Es gibt mehrere ähnliche Arten, die man nur mit Hilfe mikroskopischer Untersuchung sicher unterscheiden kann.

J	F	M	A	M	J
J	A	S	O	N	D

Tränender Saumpilz

Lacrymaria velutina

Hut:
4–10 cm, glockig mit zentralem Buckel, orange-braun, faserig, später glatt, Rand mit weißwolligen Fransen

Stiel:
Im oberen Bereich weißlich, abwärts hutfarben, unterhalb der faserigen Ringzone feinschuppig

Lamellen:
Am Stiel angeheftet, dicht gedrängt, dunkelbraun mit weißen Schneiden, Flüssigkeit absondernd. Sporen schwärzlich

Vorkommen:
In Parkanlagen, an Waldwegen, oft auf grasigen Flächen, im Frühsommer-Spätherbst

Verwechslung:
L. pyrotricha ist leuchtend orange, selten

Die Art sondert im frischen Zustand an den Rändern der Lamellen kleine Tropfen milchiger Flüssigkeit ab. Der volkstümliche Name bezieht sich auf dieses Merkmal. Der Pilz wächst einzeln oder in kleinen Gruppen, bevorzugt auf und an Waldwegen, aber auch an Straßen- und Wegrändern. Die schwarzen Sporen bleiben an der samtigen Manschette haften, wodurch der Pilz sein charakteristisches Aussehen erhält.

J	F	M	A	M	J
J	A	S	O	N	D

Heu-Düngerling

Panaeolus foenisecii

Hut:
1–2,5 cm, gewölbt, dunkelbraun, später im Zentrum heller

Stiel:
Bis 7 cm hoch, schlank, brüchig, heller als der Hut

Lamellen:
Am Stiel hellbraun, später dunkelbraun gesprenkelt. Sporen schwärzlich bis braun

Vorkommen:
Auf Grasflächen, im Frühsommer-Herbst

Verwechslung:
P. subbalteatus ist größer, wächst auf Kompost

Eine auf Grasflächen, häufig auf Weiden vorkommende Pilzart. Sie erscheint im Frühsommer, besonders häufig aber im Herbst. Der Hut dieser Art trocknet mit zunehmendem Alter von der Mitte aus lehmbraun aus und hinterläßt an der Peripherie einen charakteristischen, dunkelbraunen Rand. Man sagt dem Pilz eine auf Indolen beruhende, leicht halluzinogene Wirkung nach.

J	F	M	A	M	J
J	A	S	O	N	D

Ring-Düngerling

Panaeolus semiovatus

Hut:
2–5 cm, eiförmig bis glockig, kaum aufschirmend, blaß lehmfarben bis gelblich, glatt, klebrig

Stiel:
Bis 15 cm hoch, weißlich, mit dünner, häutiger Manschette, an der Basis knollig

Lamellen:
Frei, weißlich, dann schwärzlichbraun, mit weißen Schneiden. Sporen schwärzlich

Vorkommen:
Auf Pferde- und Rinderdung, im Frühjahr-Spätherbst

Verwechslung:
Stropharia semiglobata ist kleiner, ebenfalls mit Manschette, weniger glockig, mit purpurfarbenen Sporen

Der Ring-Düngerling ist ein weit verbreiteter Pilz und eine der größten, auf Dung wachsenden Arten. Man kann den Pilz sehr gut an seiner ovalen Hutform und bei Trockenheit glänzenden Farbe erkennen. Die weiße, dünnhäutige Manschette am Stiel ist charakteristisch für ihn. Er wurde früher in der Gattung *Anellaria* geführt.

J	F	M	A	M	J
J	A	S	O	N	D

Glocken-Düngerling

Panaeolus sphinctrinus

Hut:
2–3,5 cm, glockenförmig, frisch dunkelgrau, im Alter heller, Rand mit einem Saum weißlicher Fransen

Stiel:
5–12 cm hoch, schlank, heller als der Hut

Lamellen:
Am Stiel angeheftet, reif schwärzlich mit weißem Rand, Sporen schwärzlich

Vorkommen:
Auf Wiesen und Weiden, auf Dung, im Frühjahr-Herbst

Verwechslung:
P. campanulatus, ohne deutliche Zähne am Hutrand

Eine der vielen auf Dung wachsenden Arten der Gattung *Panaeolus*. Der glockenförmig, weißlich gezähnte Hutrand ist charakteristisch. Die Zähne sind Reste des Velums. Der Glocken-Düngerling soll eine leicht berauschende Wirkung besitzen, der Gehalt an halluzinogen wirkenden Indolen (Psilocin, Psilocybin) ist allerdings bis heute noch unbewiesen.

J	F	M	A	M	J
J	A	S	O	N	D

Behangener Faserling

Psathyrella candolleana

Hut:
2–5 cm, kegelig oder gewölbt, gelblichbraun bis weißlich, Rand fein gestriemt, oft mit schuppigen Velumresten besetzt, Fleisch spröde

Stiel:
3–8 cm hoch, schlank, hohl, weiß, glatt, brüchig

Lamellen:
Am Stiel angeheftet, anfangs rosa, dann graubraun bis dunkelbraun. Sporen purpurbraun

Vorkommen:
Auf Wurzeln und vergrabenem Holz, im Frühsommer-Herbst

Verwechslung:
Keine

Die weit verbreitete Art ist in der Färbung des Fruchtkörpers und der Entwicklung des Velums sehr variabel, weist jedoch in der Regel einen blassen, meist weißlichen Hut auf. Der Pilz wächst in Büscheln auf holzigen Substraten. Zur exakten Identifizierung ist wie bei allen *Psathyrella*-Arten eine mikroskopische Untersuchung unerläßlich.

J	F	M	A	M	J
J	A	S	O	N	D

Rotschneidiger Mürbling

Psathyrella gracilis

Hut:
1–3 cm, kegelig, wenig aufgeschirmt, am Rand striemig, dunkelbraun bis braun, trocken heller, mit rosa Tönung

Stiel:
3–10 cm hoch, schlank, gerade, weißlich, Basis wurzelnd, behaart

Lamellen:
Am Stiel angewachsen, graubraun, dann purpurschwarz, Ränder rosa. Sporen purpurschwarz

Vorkommen:
In Wäldern und Parkanlagen, an Totholz, im Sommer-Spätherbst

Verwechslung:
P. microrhiza, mit ausgeprägtem Velum, Hut ohne rosa Tönung

Eine in Deutschland wenig verbreitete Pilzart. Der Rotschneidige Mürbling wächst einzeln oder in Gruppen auf bewaldeten Flächen, oft auch an Wegrändern. Sein Stiel ist an der Basis feinbehaart und wurzelnd, der Hut nimmt bei Trockenheit eine rosa Färbung an. Die Lamellen des Pilzes sind an den Rändern meist ausgeprägt rosa gefärbt. Er ist ungenießbar.

J	F	M	A	M	J
J	A	S	O	N	D

Wäßriger Saumpilz

Psathyrella hydrophila

Hut:
1,5–5 cm, gewölbt, später ausgebreitet, rotbraun bis ockerbraun, später heller, am Rand fransig

Stiel:
3–7 cm hoch, hohl, spröde, weiß

Lamellen:
Am Stiel angeheftet, blaßbraun, später schokoladenbraun, am Rand weiß. Sporen purpurbraun

Vorkommen:
In Wäldern, im Sommer-Spätherbst

Verwechslung:
P. spadicea auf Baumstümpfen, ohne Velum

Der Wäßrige Saumpilz wächst bevorzugt auf und an Buchen- oder Eichenstümpfen. Er kann gut an seinem ausgeprägten Velum, seinem büscheligen Wuchs und dem Standort erkannt werden. Charakteristisch ist darüber hinaus der weiße Stiel, der sich farblich deutlich vom Hut und den Lamellen unterscheidet.

J	F	M	A	M	J
J	A	S	O	N	D

Schuppiger Faserling

Psathyrella artemisiae

Hut:
2–3,5 cm, kegelig oder glockig, gewölbt, nie ausgebreitet, rotbraun, mit dickem, spinnwebartigem Velum überzogen

Stiel:
3–6 cm hoch, zylindrisch, weißlich, hohl, brüchig, flaumig

Lamellen:
Am Stiel angewachsen, hellbraun, dann dunkel graubraun. Sporen purpurschwarz

Vorkommen:
In Wäldern, im Sommer Spätherbst

Verwechslung:
P. pennata auf Brandflächen, selten

Eine in Deutschland seltene Pilzart, die in Laub- und Nadelwäldern vorkommt. Der Schuppige Faserling ist leicht zu erkennen an dem dicken, weißen Velum, das auf dem Hut und am Stiel wollighaarige Schuppen hinterläßt, besonders bei jungen Exemplaren. *P. pennata*, eine ähnliche Art, wächst auf Brandflächen.

J	F	M	A	M	J
J	A	S	O	N	D

Moor-Schwefelkopf

Hypholoma subericaeum

Hut:
2–5 cm, gewölbt, mit flachem, zentralem Buckel, etwas fettig, glatt, fahl gelbrot, in der Mitte heller als am Rand, im Alter streifig, mit deutlichen Velumresten am Rand

Stiel:
5–8 cm hoch, schlank, im oberen Bereich weißlich, unterhalb bräunlich, hohl

Lamellen:
Am Stiel angewachsen, dicht gedrängt, hell, mit olivblauer Tönung, dann schwarz, mit weißen Schneiden. Sporen purpurbraun

Vorkommen:
Auf torfigen Böden, in Heiden und Mooren, im Herbst

Verwechslung:
H. ericaeoides, am gleichen Standort, mit gelben Lamellen; *H. ericaeum*, nur mikroskopisch unterscheidbar, beide selten

Der Moor-Schwefelkopf kommt einzeln oder in Gruppen auf feuchtem, moorig-torfigem Boden vor. In Deutschland ist dieser Schwefelkopf wenig verbreitet. Er unterscheidet sich in der Lamellenfarbe von der verwandten Pilzart *H. ericaeoides* mit gelben Lamellen, die am gleichen Standort wächst und ebenfalls selten vorkommt.

J	F	M	A	M	J
J	A	S	O	N	D

Grünblättriger Schwefelkopf

Hypholoma fasciculare

Hut:
2–6 cm, stumpfkegelig, später ausgebreitet, blaßschwefelgelb, glatt, mit schuppigen Velumresten am Rand

Stiel:
Bis 10 cm hoch, gelblich, zur Basis hin fahlgelb, mit schmaler Ringzone, mit dunklen Sporen gesprenkelt

Lamellen:
Am Stiel angewachsen, dicht gedrängt, grünlichgelb, bei Sporenreife dunkler. Sporen purpurbraun

Vorkommen:
An modernden Stubben und Stämmen, im Frühjahr bis in den Winter

Verwechslung:
H. sublateritium, mit ziegelrotem Hut und Stiel; *Pholiota alnicola*, mit braunen Sporen

Eine weit verbreitete Art, die in dichten Büscheln an Strünken und Stubben von Laub- und Nadelbäumen wächst. Die grünlichen Lamellen der jungen Fruchtkörper sind ein kennzeichnendes Merkmal. Ebenso der schwefelgelbe Hut, der zeitweilig von purpurbraunen Sporen benachbarter Hüte bestäubt ist. Der Grünblättrige Schwefelkopf ist nicht giftig, aber von sehr bitterem Geschmack und ungenießbar.

J	F	M	A	M	J
J	A	S	O	N	D

Blaufärbender Kahlkopf

Psilocybe cyanescens

Hut:
2–5 cm, gewölbt, später ausgebreitet, leicht klebrig, rostgelb, im Alter und bei Verletzung blaugrün verfärbend

Stiel:
5–8 cm hoch, zylindrisch, mit dünnem, netzartigem Velum, bei Verletzung blaugrün verfärbend

Lamellen:
Am Stiel angewachsen, purpurbraun, mit weißlichem Rand. Sporen purpurbraun

Vorkommen:
Auf Holz, in der Laubstreu,auf verschiedenen pflanzlichen Abfällen, im Spätsommer-Spätherbst

Verwechslung:
Keine

Eine nicht häufige, zertreut vorkommende Art. Der Pilz ist leicht an seinem bei Druck oder Verletzung bläulich anlaufenden Fleisch zu erkennen. Er wächst nicht wie einige andere *Psilocybe*-Arten auf Dung, sondern auf unterschiedlichem, pflanzlichem Abfall. Der Pilz wirkt aufgrund seines Gehaltes an Psilocybin halluzinogen.

J	F	M	A	M	J
J	A	S	O	N	D

Spitzkegeliger Kahlkopf

Psilocybe semilanceata

Hut:
5–20 mm, kegelig bis glockig, mit spitzem, zentralem Buckel, jung braun, später rostgelb

Stiel:
4–10 cm hoch, schlank, heller als der Hut, etwas bläuend an der Basis bei Verletzung

Lamellen:
Am Stiel angewachsen oder angeheftet, dichtgedrängt, purpurbraun mit weißen Schneiden. Sporen purpurbraun

Vorkommen:
Auf gedüngten Weiden und Wiesen, im Spätsommer-Spätherbst

Verwechslung:
Keine

Ein in Deutschland wenig verbreiteter Giftpilz, der wegen seiner berauschenden Wirkung bekannt ist. Sie beruht auf Psilocybin, einer halluzinogen wirkenden Substanz, die in verschiedenen *Psilocybe*-Arten vorkommt. Er wächst auf Grasflächen, auf gedüngten Wiesen und Weiden, manchmal in großer Anzahl. Der spitze, glockige Hut und der schlanke, gerade Stiel sind charakteristisch.

J	F	M	A	M	J
J	A	S	O	N	D

Orangeroter Träuschling

Stropharia aurantiaca

Hut:
2–6 cm, gewölbt, orangerot, im feuchten Zustand schleimig

Stiel:
Bis zu 10 cm hoch, weißlich oder mit gelblich oder oranger Tönung an der Basis

Lamellen:
Am Stiel angeheftet, weißlich bis gelblich. Sporen purpurbraun

Vorkommen:
In Gruppen auf Rindenmulch, in Parks und Gärten; im Nadel- und Mischwald, im Spätsommer-Spätherbst

Verwechslung:
Keine

Eine Art, die in den letzten Jahren in einigen Gegenden vermehrt auftritt. Sie wurde durch die heute im Gartenbau verstärkt eingesetzte Mulchtechnik mit Rinden- und Holzspänen verbreitet, kommt aber auch an natürlichen Standorten vor. Der orangerote Hut und die dunklen Sporen des Orangeroten Träuschlings machen eine Bestimmung leicht und sicher.

J	F	M	A	M	J
J	A	S	O	N	D

Grünspan-Träuschling

Stropharia aeruginosa

Hut:
3–7 cm, gewölbt oder stumpfkegelig, blaugrün, später gelblich verblassend, schleimig mit weißen, wattigen Velumschuppen nahe am Rand. Fleisch weißlich

Stiel:
5–9 cm hoch, zylindrisch, dick, recht schleimig, besetzt mit weißen, wattigen Schuppen unterhalb der ausgeprägten Manschette

Lamellen:
Am Stiel angewachsen, etwas herablaufend, blaßgrau bis violettgrau. Sporen purpurbraun

Vorkommen:
In feuchten Wäldern, im Spätsommer-Spätherbst

Verwechslung:
Keine

Ein Pilz aus einer Gruppe eng verwandter Arten, die im frischen Zustand eine ungewöhnlich auffällige, blaugrüne Farbe aufweisen. Charakteristisch ist ebenfalls eine ausgeprägte Manschette sowie bei Feuchtigkeit eine dicke Schleimschicht auf der Hutoberfläche. Er kommt in Wäldern ebenso vor wie in Parkanlagen oder auf Grasflächen. Der Grünspan-Träuschling wirkt leicht halluzinogen durch einen geringen Gehalt an Psilocybin.

J	F	M	A	M	J
J	A	S	O	N	D

Fichten-Steinpilz

Boletus edulis

Hut:
8–15 cm, halbkugelig, später abgeflacht, braun, fleischig

Stiel:
8–15 x 3–8 cm, stämmig, an der Basis verdickt, weißlich bis lederfarben, von ausgeprägtem Netzmuster überzogen

Röhren:
Eng, weißlich bis grünlichgelb, bei Druck und Verletzung nicht verfärbend

Vorkommen:
In Nadelwäldern, selten im Laubwald, im Sommer-Herbst

Verwechslung:
Weitere Steinpilzarten in Laubwäldern; *B. aereus* unter Eichen, mit dunkelbraunem Hut und Stiel; *B. reticulatus* unter Birken, an der Stielbasis netzartig

Ein sehr begehrter, wohlschmeckender Röhrling, der auch gut getrocknet werden kann. Er ist von kommerzieller Bedeutung, da er zur Herstellung von Pilzsuppen verwendet wird. Verbreitet im Flachland bis ins höhere Gebirge in Nadelwäldern. Er ist ein Mykorrhiza-Pilz der Fichte, wächst auch unter Kiefern, selten unter Laubbäumen. Eng verwandte Arten kommen nur im Laubwald vor.

J	F	M	A	M	J
J	A	S	O	N	D

Flockenstieliger Hexenröhrling

Boletus erythropus

Hut:
6–15 cm, gewölbt, später abgeflacht, dunkelbraun. Fleisch gelblich, bläulich verfärbend bei Verletzung

Stiel:
Stämmig, bis 5 cm dick, an der Basis verdickt, rötlich gesprenkelt über gelber Grundfarbe, bläuend bei Verletzung

Röhren:
Orangerot, bläuend

Vorkommen:
In Laub-, Misch- und Nadelwäldern, im Frühsommer-Herbst

Verwechslung:
B. luridus, bläuend, mit Netzzeichnung an der Stielbasis und *B. erythropus* var. *immutatus*, eine seltene Varietät, deren Fleisch sich bei Verletzung nicht blau verfärbt

Ein Pilz mit ausdrucksvollem Erscheinungsbild. Die roten Röhren, der rot getupfte Stiel und das an Druckstellen bläuende Fleisch sind charakteristische Merkmale. Der Hexenröhrling wächst in verschiedenen Waldtypen auf saurem Boden. Er ist ein guter Speisepilz, sollte aber vor Verzehr abgekocht werden. Einige *Boletus*-Arten mit bläulich verfärbendem Fleisch sind leicht giftig.

J	F	M	A	M	J
J	A	S	O	N	D

Satansröhrling

Boletus satanas

Hut:
10–25 cm, halbkugelig, weißlich bis blaßlederfarben. Fleisch langsam bläuend bei Verletzung

Stiel:
Stämmig bis 10 cm dick, an der Basis stark verdickt, rötlich, mit gelber Tönung basiswärts, oberer Bereich mit rötlicher Netzzeichnung

Röhren:
Orangerot, bläulich verfärbend bei Verletzung. Sporen oliv

Vorkommen:
Auf Kalkböden, häufig mit Buchen, im Sommer-Herbst

Verwechslung:
Andere rotporige Röhrlinge; *B. rhodoxanthus*, gelbbrauner Hut und an der Stielbasis genetzt

Eine verbreitete Pilzart mit südlichem Verbreitungsschwerpunkt. Dieser Röhrling bevorzugt trockene Standorte, wächst auf Kalkböden und ist häufig unter Buchen und Eichen zu finden. Sein weißlicher Hut, die roten Röhren und der stark bauchige Stiel mit einer roten Netzzeichnung auf gelbem Grund sind charakteristische Merkmale. Der Pilz ist giftig.

J	F	M	A	M	J
J	A	S	O	N	D

Rotfußröhrling

Xerocomus chrysenteron

Hut:
5–10 cm, gewölbt bis abgeflacht, braun, feinsamtig, Haut felderig aufreißend, rötliches Fleisch

Stiel:
5–7 cm hoch, in der Regel verjüngt, gelblich mit roten Striemen

Röhren:
Eckig, weitlumig, schwefelgelb bis grünlich, bei Berührung blaufärbend

Vorkommen:
In Wäldern, vom Flachland bis ins Gebirge, im Sommer-Spätherbst

Verwechslung:
Verschiedene andere *Xerocomus*-Arten

Eine weit verbreitete Art aus der Familie der Filzröhrlinge, leicht zu erkennen an ihrer typischen Form, mit einem rötlichen Stiel, ausgeprägt rotem Fleisch unter der in verschiedenen Brauntönen auftretenden Huthaut. Die Pilze der Gattung *Xerocomus* sind recht variabel, sie zeichnen sich stets durch einen samtig filzigen, trockenen Hut und weite Röhren aus.

J	F	M	A	M	J
J	A	S	O	N	D

Maronenröhrling

Xerocomus badius

Hut:
4–12 cm, gewölbt, rotbraun, feinsamtig. Fleisch weißlich, bläuend bei Verletzung

Stiel:
4–10 cm hoch, streifig, bräunlich, heller als der Hut

Röhren:
Gelb, bläuend bei Druck und Verletzung

Vorkommen:
In Mischwäldern, im Sommer-Spätherbst

Verwechslung:
B. spadiceus, sehr selten, mit Netzzeichnung am Stiel

Verbreitet in Nadelwäldern, seltener in Laubwäldern. Er ist ein ausgezeichneter Speisepilz mit festem Fleisch und einem angenehmen, nussigen Geschmack. Die Farbe des Maronenröhrlings variiert etwas, aber der gestriemte, bräunliche Stiel und die bläulich verfärbenden Röhren kennzeichnen ihn sehr deutlich.

J	F	M	A	M	J
J	A	S	O	N	D

Gallenröhrling

Tylopilus felleus

Hut:
5–12 cm, gewölbt, später ausgebreitet, hellbräunlich, Fleisch weißlich, bitter

Stiel:
8–12 cm hoch, an der Basis verdickt, jung weißlich, später bräunlich, mit deutlicher Netzzeichnung

Röhren:
Jung weiß, dann rosa. Sporen rosabraun

Vorkommen:
In Laub- und Nadelwäldern, auf sauren Böden, im Sommer-Spätherbst

Verwechslung:
B. edulis, mit weißer Netzzeichnung, und olivgelben Röhren

Die einzige in Mitteleuropa vorkommende Art der Gattung *Tylopilus*. Sie unterscheidet sich von anderen Röhrlingen hauptsächlich in der rosa Farbe der Sporen. Man kann diesen Röhrling leicht an der rosa Porenschicht und an der deutlichen Netzzeichnung am Stiel erkennen, die Hutfarbe variiert. Das Fleisch besitzt einen bitteren Geschmack und ist auch gekocht ungenießbar. Verursacht heftige Verdauungsstörungen.

J	F	M	A	M	J
J	A	S	O	N	D

Kuhröhrling

Suillus bovinus

Hut:
4–10 cm, gewölbt, orangelederfarben bis ockerbraun, schleimig

Stiel:
4–7 cm hoch, hutfarben, an der Spitze safrangelb

Röhren:
Am Stiel leicht herablaufend, olivbraun, Poren weit, eckig, untergliedert. Sporen olivbraun

Vorkommen:
In Nadelwäldern unter Kiefern, auf sauren Böden, im Sommer-Spätherbst

Verwechslung:
S. variegatus, mit feinbeschupptem Hut und engen Poren. *S. flavidus*, hellgelb, mit einer Manschette am Stiel

Der deutsche Name bezieht sich auf die Farbe des Hutes, kuhrötlich. Das Fleisch ist dünn, blaßlederfarben, verfärbt sich leicht bläulich bei Verletzung und schmeckt schwach säuerlich. Ein weit verbreiteter Pilz, der auf sandigen, sauren Böden, bevorzugt unter Kiefern in Nadelwädern wächst. Er ist eßbar, aber kein guter Speisepilz und nicht schmackhaft.

J	F	M	A	M	J
J	A	S	O	N	D

Butterpilz

Suillus luteus

Hut:
5–10 cm, gewölbt, stark schleimig, kastanien- oder purpurbraun. Fleisch blaßgelblich, nicht verfärbend

Stiel:
6–10 cm hoch, im oberen Bereich hellgelb, drüsig gepunktet, weißlich mit violettbrauner Tönung unterhalb der großen, violettbraunen Manschette

Röhren:
Gelb. Sporen ockerbraun

Vorkommen:
In Nadelwäldern, unter Kiefern, im Spätsommer-Spätherbst

Verwechslung:
S. grevillei, mit Manschette und gelbem Hut, wächst unter Lärchen

Weit verbreitet in ganz Mitteleuropa, bevorzugt unter Kiefern wachsend. Er ist eßbar, das Fleisch ist jedoch nicht so butterweich wie der deutsche Name verspricht. Er kann gut getrocknet werden, wenn man den Hut von seinem schmierigen Überzug befreit. Bei empfindlichen Personen kann der Butterpilz nach dem Verzehr heftige allergische Reaktionen auslösen.

J	F	M	A	M	J
J	A	S	O	N	D

Birkenpilz

Leccinum scabrum

Hut:
5–12 cm, halbkugelig, braun, glatt, weich. Fleisch weißlich, nicht verfärbend

Stiel:
8–15 cm hoch, zylindrisch, mit grauen, filzigen Schuppen auf weißlichem Grund

Röhren:
Weißlich, später matt graubraun, bei Verletzung nicht verfärbend. Poren eng. Sporen bräunlich

Vorkommen:
In Wäldern, unter Birken, im Frühsommer-Herbst

Verwechslung:
L. duriusculum ist dunkler, steht unter Pappeln

Eine weit verbreiteter Pilz, der als Mykorrhiza-Pilz mit Birken vergesellschaftet wächst. Er ist eßbar, gehört jedoch aufgrund des sehr weichen Fleisches nicht zu den besten Speisepilzen. Es gibt sehr viele, eng verwandte und ähnliche Arten, die in der Regel nicht leicht zu unterscheiden sind, besonders wenn sie im Mischwald mit nicht eindeutigen Baumpartnern wachsen.

J	F	M	A	M	J
J	A	S	O	N	D

Heide-Rotkappe

Leccinum versipelle

Hut:
5–12 cm, halbkugelig, orangebraun bis ziegelrot

Stiel:
8–15 cm hoch, mit schwärzlichen Schuppen auf weißem Grund

Röhren:
Weißlich, dann schmutziggrau, eng. Sporen bräunlich

Vorkommen:
In Wäldern unter Birken, im Sommer-Herbst

Verwechslung:
L. scabrum, mit braunem Hut und grauschuppigem Stiel, unter Birken; *L. quercinum*, mit orangebraunen Schuppen, unter Eichen

Wächst in Mischwäldern als Mykorrhiza-Pilz mit Birken. Der orangefarbene Hut und der mit dunklen Schuppen besetzte Stiel sind charakteristische Merkmale. Das Fleisch ist weiß, verfärbt sich bei Druck oder Verletzung erst weinrot, dann schwärzlich und an der Stielbasis oft blaugrün. Als Speisepilz ist er wegen seines festen Fleisches und des milden, angenehmen Geschmacks begehrt.

J	F	M	A	M	J
J	A	S	O	N	D

Strubbelkopf

Strobilomyces strobilaceus

Hut:
5–12 cm, gewölbt, mit dicken, warzenähnlichen Schuppen bedeckt, rauchgrau bis schwärzlich, am Rand oft heller. Fleisch weißlich, später rötlich

Stiel:
6–10 cm hoch, grau bis graubraun, grobschuppig, an der Spitze weißlichgrau, im unteren Bereich graubraun

Röhren:
Weit, weißlich bis grau, bei Verletzung rötlich verfärbend. Sporen schwarzviolett

Vorkommen:
Im Norden in Laubwäldern, im Süden auch in Mischwäldern, im Sommer-Spätherbst

Verwechslung:
Keine

Ein sehr charakteristischer Röhrenpilz, mit südlicher Verbreitung, sonst nicht besonders häufig. Sein auffälliges Erscheinungsbild beruht auf dem mit groben, dichten und abstehenden Schuppen besetzten Hut mit einem fransigen, zottigen Rand. Der Strubbelkopf aus der Familie der Röhrlinge ist eßbar, das Fleisch jedoch etwas unangenehm saftig und schwammig.

J	F	M	A	M	J
J	A	S	O	N	D

Kupferroter Gelbfuß

Chroogomphus rutilus

Hut:
5–12 cm, gewölbt, später ausgebreitet, deutlich zentral gebuckelt, ockerbraun mit kupferfarbiger Tönung, schleimig bei Feuchtigkeit

Stiel:
6–10 cm hoch, zylindrisch, graurosa im oberen Bereich, zur Basis hin gelblich

Lamellen:
Herablaufend, weit auseinander stehend, olivbraun, später schwarzbraun. Sporen olivbraun

Vorkommen:
In Nadelwäldern, unter Kiefern, im Spätsommer-Herbst

Verwechslung:
Keine

Eine verbreitete Pilzart, die in Nadelwäldern und dort offenbar bevorzugt unter doppelnadeligen Kiefern wie der Föhre, *Pinus sylvestris*, vorkommt. Die Fruchtkörper des Kupferroten Gelbfußes wachsen einzeln oder in kleinen Gruppen und besitzen eine charakteristische Gestalt: weinroten, glänzenden Hut mit dunklen, am Stiel weit herablaufenden Lamellen.

J	F	M	A	M	J
J	A	S	O	N	D

Rosa Schmierling

Gomphidius roseus

Hut:
2–6 cm, gewölbt, später abgeflacht oder mit zentralem Buckel, rötlichrosa, schleimig

Stiel:
3–6 cm hoch, weißlich, an der Basis verjüngt und gelblich, schleimig

Lamellen:
Herablaufend, entfernt stehend, weiß, später grauschwarz. Sporen grauschwarz

Vorkommen:
In Nadelgehölzen, im Spätsommer-Herbst

Verwechslung:
Keine

Eine nicht sehr häufige Art aus der Familie der Gelbfußpilze, die unter Kiefern, auf sandigen und sauren Böden zu finden ist. Man kann diesen Pilz leicht an seinem rötlichen Hut und den farblich kontrastierenden, weißen Lamellen und dem Stiel erkennen. Er wächst häufig gemeinsam mit dem Kuhröhrling am gleichen Standort.

J	F	M	A	M	J
J	A	S	O	N	D

Samtfußkrempling

Paxillus atrotomentosus

Hut:
10–25 cm, gewölbt, später in der Mitte eingesenkt, am Rand eingerollt, dunkelbraun, samtig

Stiel:
Kurz, stämmig, 8 x 5 cm, nicht zentral-, sondern seitenständig, wurzelnd, samtig, dunkelbraun

Lamellen:
Herablaufend, in Stielnähe durch Querwände netzartig verbunden, dicht gedrängt, cremefarben. Sporen ockerbraun

Vorkommen:
Auf Nadelholzstubben, im Sommer-Herbst

Verwechslung:
P. involutus, mit schlankem, nicht samtigem Stiel

Ein weit verbreiteter, stattlicher, in Nadelwäldern vorkommender Pilz, dessen unverwechselbares Merkmal ein kurzer, stämmiger, dunkelbrauner und samtiger Stiel ist. Er wächst auf alten Stümpfen und verursacht eine Rotfäule des Holzes. Dieser Pilz schmeckt bitter und ist daher als Speisepilz ungeeignet.

J	F	M	A	M	J
J	A	S	O	N	D

Kahler Krempling

Paxillus involutus

Hut:
Braun, gewölbt, später in der Mitte eingesenkt, klebrig bei Feuchtigkeit, Rand eingerollt, samtig

Stiel:
4–7 cm hoch, hutfarben

Lamellen:
Herablaufend, gelbbraun, bei Verletzung purpurbraun verfärbend. Sporen weiß

Vorkommen:
In Wäldern, unter Birken, im Sommer-Spätherbst

Verwechslung:
P. rubicundulus, rostbraun verfärbend, unter Erlen

Ein stark eingerollter Hutrand kennzeichnet diesen Pilz, ein Merkmal, das auch bei alten, voll aufgeschirmten Exemplaren erhalten bleibt. Die Lamellen verfärben sich bei Verletzung dunkelbraun und lassen sich leicht vom Hut ablösen, wie bei den Röhrlingen, mit denen die Gattung *Paxillus* eng verwandt ist. Der Kahle Krempling ist ein Giftpilz, der meist erst nach Jahren Haemolyse verursacht.

J	F	M	A	M	J
J	A	S	O	N	D

Falscher Pfifferling

Hygrophoropsis aurantiaca

Hut:
3–7 cm, gewölbt, später flach und mittig eingesenkt, orangegelb, im Alter blasser, trocken und feinfilzig, Rand eingerollt

Stiel:
2–5 cm hoch, zur Basis hin verjüngt, oft gekrümmt, gelblich bis orangebraun

Lamellen:
Herablaufend, dicht gedrängt, gegabelt, intensiv orange. Sporen weiß

Vorkommen:
In Nadelwäldern, unter Kiefern, in Heiden, im Spätsommer-Spätherbst

Verwechslung:
Echter Pfifferling, mit dickeren Lamellen und dottergelber Färbung

Eine in Nadelwäldern häufig und in großer Anzahl vorkommende Art, die oft mit dem echten Pfifferling, der am gleichen Standort wächst, verwechselt wird. Er unterscheidet sich im wesentlichen durch seine dünnen, dichtgedrängt stehenden Lamellen und in der Färbung. Er ist eßbar, aber als Speisepilz nicht unbedingt zu empfehlen, denn er kann Verdauungsstörungen hervorrufen.

J	F	M	A	M	J
J	A	S	O	N	D

Rillstieliger Seitling

Pleurotus cornucopiae

Hut:
5–12 cm, gewölbt, deutlich zentral eingesenkt bis trichterförmig, Rand wellig, weißlich bis cremefarben oder gelblich

Stiel:
Zentral oder leicht seitlich ansitzend, zur Basis hin verjüngt, oft mit anderen Stielen verwachsen, in der Länge variierend

Lamellen:
Weit herablaufend, auseinander stehend, netzartig verbunden im Stielbereich. Sporen blaßlila

Vorkommen:
In Büscheln an totem Laubholz, besonders an Ulmen, im Frühsommer-Spätherbst

Verwechslung:
Keine

Eine wenig verbreitete, besonders auf Ulmen vorkommende Art. Die Fruchtkörper wachsen in dichten Büscheln und sind kaum mit denen anderer Arten zu verwechseln. Die sehr weit am Stiel herablaufenden, unten netzartig verbundenen Lamellen und der in Hutmitte oder auch leicht seitlich ansitzende Stiel sind charakteristische Merkmale. Er ist wie viele *Pleurotus*-Arten als Speisepilz begehrt.

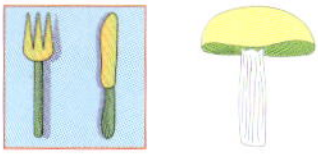

J	F	M	A	M	J
J	A	S	O	N	D

Austernseitling

Pleurotus ostreatus

Hut:
5–15 cm, gewölbt, später ausgebreitet, graubraun, oft blau oder lila getönt, glatt oder schwach schuppig, Rand im Alter buchtig

Stiel:
Seitlich oder stark exzentrisch, kurz, manchmal fehlend, weißlich, an der Basis filzig

Lamellen:
Herablaufend, weißlich. Sporen blaßlila

Vorkommen:
In etagenartigen Büscheln an Stubben und Stämmen von Laubholz, ganzjährig

Verwechslung:
P. pulmonarius ist weißlich und wächst nur im Sommer

Ein bekannter, überaus schmackhafter und begehrter Speisepilz. Die Hutfarbe kann stark variieren, es kommen blaugraue, bläuliche und lila Tönungen vor. Er wächst häufig auf Buchen, ist allerdings auch an anderen Laubgehölzen zu finden und an seinen typisch muschelförmigen, in Etagen übereinander stehenden Fruchtkörpern zu erkennen. Er wird zunehmend als Kulturpilz angebaut.

J	F	M	A	M	J
J	A	S	O	N	D

Eichen-Zwergknäueling

Panellus stipticus

Hut:
1–4 cm, nierenförmig mit seitlichem Stiel, hellbraun oder rehbraun, schorfig

Stiel:
Sehr kurz, abgeflacht, hutfarben oder heller

Lamellen:
Herablaufend, hutfarben, teilweise gabelig. Sporen weiß

Vorkommen:
An Stümpfen und toten Ästen von Eichen, im Frühjahr bis in den Winter

Verwechslung:
Keine

Wächst als Saprophyt auf Totholz und dringt als Parasit auch an Wunden in lebende Bäume ein oder befällt verarbeitetes Holz. Man kann den Eichen-Zwergknäueling recht gut an der schorfigen Hutoberfläche sowie an seinem kurzen, etwas abgeflachten Stiel erkennen. In Amerika sollen Arten mit lumineszierenden Lamellen vorkommen. Dieses Merkmal ist bei europäischen Arten nicht bekannt.

J	F	M	A	M	J
J	A	S	O	N	D

Pfifferling

Cantharellus cibarius

Hut:
4–9 cm, gewölbt, später ausgebreitet und in der Mitte eingesenkt, Rand eingerollt, buchtig und oft gelappt, dottergelb. Aprikosenähnlicher Geruch

Stiel:
4–7 cm hoch, zur Basis hin verjüngt, hutfarben oder heller, glatt, fest

Lamellen:
Weit herablaufend, dick, mit stumpfen Kanten, unregelmäßig gegabelt und aderartig verbunden, hutfarben. Sporen ockerfarben

Vorkommen:
In Laub- und Nadelwäldern, im Spätsommer-Herbst

Verwechslung:
C. friesii ist kleiner und wächst in Buchenwäldern. Falscher Pfifferling mit orangem Hut und dünnen Lamellen

Einer der besten und beliebtesten Speisepilze mit festem Fleisch und außerordentlich gutem Geschmack. Er wächst in Laub- und Nadelwäldern auf sandigen und sauren Böden. Leider ist er in vielen Gegenden selten geworden, vermutlich durch den Einfluß von Luftverunreinigung und »saurem Regen«. Eine helle Form (*C. cibarius* var. *amethysteus*) kommt in Buchenwäldern vor.

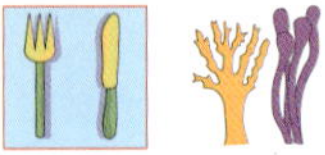

J	F	M	A	M	J
J	A	S	O	N	D

Große Herkuleskeule

Clavariadelphus pistillaris

Fruchtkörper:
8–20 x 3–5 cm, einzeln oder in Gruppen stehend, keulenförmig, oben verdickt und abgerundet, gelblich bis ockergelb, leicht faltig. Fleisch weißlich. Sporen ockergelb

Vorkommen:
In Buchenwäldern, im Sommer-Herbst

Verwechslung:
C. truncatus mit abgeflachter Spitze, wächst unter Nadelbäumen; *C. ligula* ist kleiner, unter Nadelbäumen

Ein ungewöhnlicher, recht großer und auffälliger, aber seltener Pilz, der in Buchenwäldern auf Kalkböden vorkommt. Die Fruchtkörper der Herkuleskeule sind charakteristisch keulenartig geformt, oben deutlich rund. Der keulige Fruchtkörper der verwandten Art *C. truncatus* ist oben abgeflacht und kann an diesem Merkmal unterschieden werden.

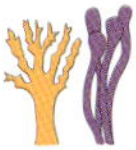

J	F	M	A	M	J
J	A	S	O	N	D

Heide-Keule

Clavaria argillacea

Fruchtkörper:
3–6 cm hoch, 3–6 mm dick, keulenförmig, faltig, blaßgelblich, oft leicht grün getönt. Stiel ausgeprägt, etwas dunkler, oberer Abschnitt meist abgeflacht und gefurcht. Sporen weiß

Vorkommen:
Auf dem Boden von Heideland, in Mooren, im Spätsommer-Spätherbst

Verwechslung:
C. straminea ist strohgelb und sehr selten

Eine in Deutschland selten vorkommende Pilzart. Die einfachen, unverzweigten, keulenförmigen Fruchtkörper wachsen gesellig in kleinen Gruppen, oft in großer Anzahl auf torfigem Untergrund, häufig in Mooren oder Heiden. Sie sind blaßgelb, meist leicht grünlich getönt. An Form, Farbe und dem eindeutigen Standort sind sie leicht zu erkennen.

J	F	M	A	M	J
J	A	S	O	N	D

Orangegelbe Keule

Clavulinopsis helvola

Fruchtkörper:
3–8 cm hoch, gelborange, einfach, unverzweigt, gewöhnlich an der Spitze abgeflacht, faltig. Stiel nicht ausgeprägt. Sporen weiß oder gelblich

Vorkommen:
Auf Grasland, Wiesen, in Parkanlagen, im Sommer-Herbst

Verwechslung:
C. luteoalba mit aprikosengelber Farbe und kleiner

Die Fruchtkörper wachsen in Gruppen auf Grasflächen, auf feuchter Erde und zwischen Moos. Sie sind leicht mit ähnlichen, ebenfalls gelblichen Arten, die an gleichen Standorten vorkommen, zu verwechseln. Ein mikroskopisches Unterscheidungsmerkmal des Pilzes sind die grobwarzigen, weißlichen Sporen.

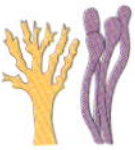

J	F	M	A	M	J
J	A	S	O	N	D

Kamm-Koralle

Clavulina cristata

Fruchtkörper:
2,5–6 cm hoch, weißlich, stark verzweigt, mit feingliedrigen Spitzen. Stiel stämmig, kurz. Sporen weiß

Vorkommen:
In feuchten Wäldern, oft in der Laubstreu, im Spätsommer-Spätherbst

Verwechslung:
C. cinerea ist eher grau und grob verzweigt

Ein leicht zu übersehender Pilz, der häufig unter der Laubstreu oder anderer Bodenvegetation verborgen wächst. Die Form des Fruchtkörpers mit den reichverzweigten Ästchen und feingliedrigen Spitzen macht die Identifizierung leicht. Durch Parasitenbefall kann die Kamm-Koralle manchmal grau erscheinen.

J	F	M	A	M	J
J	A	S	O	N	D

Steife Koralle

Ramaria stricta

Fruchtkörper:
4–10 cm hoch, aufrecht, von der Basis ausgehend stark verzweigt, Zweige aufrecht, gerade, gegabelt, blaßlederfarben mit rosa Tönung und gelblich gepunktet. Stiel kurz, dick, mit weißlichen Myzelsträngen an der Basis. Fleisch blaßlederfarbengelb. Sporen gelblich

Vorkommen:
Auf verrottendem Holz, im Spätsommer-Spätherbst

Verwechslung:
Andere *Ramaria*-Arten unterscheiden sich in der Farbe und wachsen auf Erde

Die Pilzarten der Gattung *Ramaria* sind gewöhnlich reichverzweigt und vielästig. Sie unterscheiden sich darüber hinaus von anderen Gruppen durch den Besitz stets gelblicher Sporen. Viele Arten dieser Gattung sind leider sehr selten geworden. Für die Steife Koralle sind die geraden, aufrechten Äste typisch. Die Steife Koralle wächst auf verrottendem Holz.

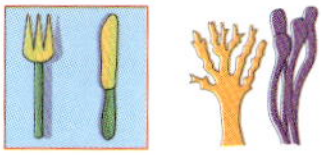

J	F	M	A	M	J
J	A	S	O	N	D

Krause Glucke

Sparassis crispa

Fruchtkörper:
20–35 cm im Durchmesser, Form blumenkohlartig, mit wurzelnder Basis (Myzelstränge), cremefarben bis blaßlederfarben, an den lappigen Rändern bräunlich, dicht lappig verzweigt, buchtig, wellig, spröde. Sporen blaßockergelb

Vorkommen:
An der Basis von Kiefernstubben, im Sommer-Herbst

Verwechslung:
S. nemecii ist kräftiger, weniger kraus, an Fichten und Tannen

Eine in ihrer Form recht eindrucksvolle Art. Die dicht gepackten, bandartigen, krausen Verzweigungen lassen den Vergleich mit einem Badeschwamm zu. Die Krause Glucke parasitiert an Wurzeln von Kiefern und löst an der Stammbasis eine langsame Fäule des Kernholzes aus. Sie ist ein guter Speisepilz, der jedoch gründlich gewaschen werden sollte.

J	F	M	A	M	J
J	A	S	O	N	D

Semmel-Stoppelpilz

Hydnum repandum

Hut:
4–10 cm, gewölbt oder in der Mitte eingesenkt, glatt, cremefarben bis blaß lederfarben oder rosalederfarben

Stiel:
Bis 7 cm hoch, manchmal exzentrisch, hutfarben

Stacheln:
2–5 mm lang, hutfarben, am Stiel herablaufend. Sporen weiß

Vorkommen:
In Mischwäldern, im Spätsommer-Spätherbst

Verwechselung:
H. repandum var. *rufescens*, mit orangebraunem Hut

Eine verbreitete Art, die in Laub- und Nadelwäldern vorkommt. Die Farbe kann stark variieren. *H. rufescens*, früher als eigene Art beschrieben, wird heute als Varietät angesehen. Unverwechselbar in dieser Gattung ist das charakteristische, stachelförmige Hymenium an der Hutunterseite. Das Fleisch des Semmel-Stoppelpilzes ist fest, und gekocht ist der Semmel-Stoppelpilz ein guter Speisepilz.

J	F	M	A	M	J
J	A	S	O	N	D

Ohrlöffelpilz

Auriscalpium vulgare

Fruchtkörper:
Stielansatz seitlich am Hut, Hut 1–2 cm, nierenförmig, dunkelbraun, samtig, an der Unterseite mit Zähnen besetzt

Zähne:
1–3 mm lang, rosabraun. Sporen weiß

Stiel:
2–4 cm hoch, schlank, dunkelbraun, borstig

Vorkommen:
Auf verrottenden, oft im Boden verborgenen Kiefernzapfen, ganzjährig, gehäuft im Herbst

Verwechslung:
Keine

Eine Art, die unauffällig in der Laubstreu wächst und sehr leicht zu übersehen ist. Der Pilz mit seinem halbkreisförmigen, mit Stoppeln an der Unterseite besetzten Hut und dem exzentrisch angesetzten Stiel ist beinahe einzigartig und kann kaum mit einer anderen Art verwechselt werden. Man findet ihn einzeln oder in kleinen Gruppen auf im Boden verborgenen Kiefernzapfen.

J	F	M	A	M	J
J	A	S	O	N	D

Winter-Porling

Polyporus brumalis

Hut:
2–7 cm, gewölbt bis flach, mit zentraler Vertiefung, dunkelbraun, Rand fransig behaart. Fleisch zäh

Stiel:
2–5 cm hoch, samtig, am Grund braun, oberhalb heller

Röhren:
Kurz, leicht herablaufend. Poren eckig, leicht länglich, die Ränder rissig, weißlich. Sporen weiß

Vorkommen:
Auf toten Stämmen und Ästen, meist auf Laubholz, im Spätsommer-Frühjahr

Verwechslung:
P. ciliatus, nur im Sommer, ist heller braun mit engen Poren

Der Winter-Porling gehört zu den kleineren, porlingsartigen Pilzen mit einem zentralen Stiel und runden Hut. Er kann an seinem dunkelbraunen Hut und den relativ weitlumigen Poren erkannt werden. Die Fruchtkörper erscheinen vom Spätherbst bis in das Frühjahr. Man findet ihn auf toten Ästen und Zweigen, häufig von Laubbäumen, an denen er eine Weißfäule des Holzes verursacht. Er kann mit *P. ciliatus* verwechselt werden.

J	F	M	A	M	J
J	A	S	O	N	D

Schuppiger Porling

Polyporus squamosus

Hut:
12–30 cm, halbkreisförmig, gelbbraun mit dunkelbraunen, flach anliegenden Schuppen besetzt

Stiel:
Exzentrisch oder seitlich angesetzt, kurz, an der Basis schwärzlich

Röhren:
Weißlich, kurz, leicht herablaufend. Poren eckig, weitlumig, an den Rändern rissig. Sporen weiß

Vorkommen:
An Stümpfen von toten oder absterbenden Laubbäumen, im Frühsommer-Herbst

Verwechslung:
P. tuberaster, mit sehr groben Schuppen

Eine sehr auffällige Art mit ockergelbem, schuppigem Hut, was sich in dem deutschen Namen ausdrückt. Dieser unübersehbare Pilz wächst saprophytisch bevorzugt an Stümpfen von Ulmen, Eschen und Platanen, befällt als Parasit aber auch lebende Bäume. Er dringt an Wunden in seinen Wirt ein und verursacht eine Kernholzfäule, die oft den Stamm von innen her aushöhlt. An dunklen Plätzen, unter liegenden Stämmen, entwickelt er merkwürdige, hirschhornähnliche Strukturen.

J	F	M	A	M	J
J	A	S	O	N	D

Veränderlicher Porling

Polyporus varius

Hut:
5–10 cm, abgeflacht, glatt, gelbbraun, fein gestriemt. Fleisch zäh

Stiel:
Exzentrisch oder seitlich angesetzt, kurz, blaßgelblich mit schwärzlicher Basis

Röhren:
Kurz, herablaufend. Poren cremefarben bis blaßgraubraun, Sporen weiß

Vorkommen:
An toten Stümpfen und Ästen von Laubbäumen, ganzjährig, jedoch häufig im Spätsommer-Herbst

Verwechslung:
P. badius ist dunkler braun; *P. melanopus* hat vollkommen schwarzen Stiel

Eine verbreitete Art, die häufig auf Weiden und Buchen vorkommt. Der Veränderliche Porling wächst saprophytisch auf Totholz und verursacht Weiße Naßfäule des Holzes. Der Stiel ist nur an der Basis schwarz, ein Merkmal, das ihn von verwandten Arten abgrenzt. *P. badius* besitzt einen glänzend rotbraunen Hut, *P. melanopus* ist samtig dunkelbraun.

J	F	M	A	M	J
J	A	S	O	N	D

Schmetterlingsporling

Trametes versicolor

Fruchtkörper: 3–8 cm, konsolenartig in Etagen übereinander stehend, Oberfläche verschiedenfarbig gezont, anfangs samtig, später glatt. Fleisch zäh, dünn biegsam, weißlich. Röhren kurz, Poren eng, weißlich. Sporen weiß

Vorkommen: Auf Totholz jeglicher Art, ganzjährig

Verwechslung: *T. pubescens* ist weißlich, Zonierung fehlt; *T. hirsutus* ist haariger und *T. multicolor* ist fleischiger

Einer der am weitesten verbreiteten konsolenförmigen Pilze. Er ist in größeren Gruppen auf verschiedenen toten Gehölzen zu finden. Manchmal wächst er auch auf bearbeitetem Nutz- oder Bauholz. Der Hut ist stets deutlich gezont, aber in seiner Farbe außerordentlich variabel. Der Schmetterlingsporling kann gut zu Schmuckzwecken getrocknet werden.

J	F	M	A	M	J
J	A	S	O	N	D

Angebrannter Rauchporling

Bjerkandera adusta

Fruchtkörper: Teilweise resupinat, lederartig, unregelmäßig geformte Konsolen, 3–7 cm breit, Oberfläche graubraun, samtig, am Rand heller, Unterseite mit engen Poren, rauchgrau, am Rand weißlich. Fleisch weißlich bis grau. Sporen gelblich

Vorkommen: Auf absterbenden Stämmen von Laubbäumen, ganzjährig

Verwechslung: *B. fumosa* mit hellbraunen Poren und süßlichem Geruch

Einer der sehr wenigen Porlingsartigen Pilze mit grauen Poren, ein Merkmal, an dem er leicht zu erkennen ist. Die Oberseite ist nur geringfügig gezont, weniger als beim Schmetterlingsporling. Er wächst auf verschiedenen Laubbäumen, besonders auf Buchen. Zum Teil lebt er saprophytisch auf Totholz von Laubgehölzen, gelegentlich aber auch als Wundparasit an lebenden Bäumen.

J	F	M	A	M	J
J	A	S	O	N	D

Buckel-Tramete

Pseudotrametes gibbosa

Fruchtkörper:
Konsolenförmig, 10–20 cm breit, oberseits weißlich, mit konzentrischen Zonen, häufig mit Grünalgen bewachsen. Fleisch zäh, korkig, an der Basis bis 8 cm dick, weißlich. Röhren lang. Poren länglich. Sporen weiß

Vorkommen:
Auf abgestorbenen Stümpfen und Stämmen von Laubhölzern, ganzjährig, besonders im Herbst

Verwechslung:
Keine

Eine in Mitteleuropa verbreitete Art mit einem ungewöhnlichen, auffälligen Merkmal. Auf der Hutoberseite, besonders zur Basis hin, besiedeln Algen den Fruchtkörper, was ihm häufig eine grasgrüne Färbung verleiht. Die Hutform ist variabel in Größe und Dicke, desgleichen variieren die Poren, die mehr oder weniger ausgeprägt, länglich erscheinen. Die Fruchtkörper dieser Pilzart sind einjährig.

J	F	M	A	M	J
J	A	S	O	N	D

Violetter Lederporling

Trichaptum abietinum

Fruchtkörper: Teilweise resupinat, gewöhnlich mit gut entwickelten, konsolenförmigen Hüten, Hut schmal, 2–3 cm breit, in Reihen oder Etagen angeordnet. Oberseite haarig, weißlich bis grau, gezont. Dünnfleischig, zäh. Röhren sehr kurz, Porenoberfläche violett bis purpurn, Poren unregelmäßig, oft rissig. Sporen weiß

Vorkommen: Auf Stümpfen, Ästen und Stämmen von Nadelhölzern, ganzjährig

Verwechslung: *T. fuscoviolaceum*, Unterseite mit unregelmäßigen Zähnen

Der Lederporling wächst auf verschiedenen Nadelgehölzen, bevorzugt auf Kiefern. Er bildet auf niederliegenden Stämmen in langen Reihen Fruchtkörper, die man gut an ihrer violetten Porenschicht erkennen kann. Dieser Lederporling lebt nie parasitisch, sondern zersetzt saprophytisch sehr rasch das Splintholz von Ästen oder umgestürzten Bäumen.

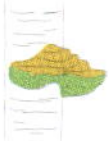

J	F	M	A	M	J
J	A	S	O	N	D

Blauer Saftporling

Postia caesia

Fruchtkörper:
Konsolenartig, 2–7 cm breit, 0,5–1 cm dick. Oberseite weiß bis grau, filzig. Fleisch weich, wässrig, mit blaugrüner Tönung. Röhren weiß, bis 6 mm lang, Poren eng, bläulich verfärbend bei Druck oder Verletzung. Sporen weiß

Vorkommen:
Auf Stümpfen und Stämmen von Nadelgehölzen, im Herbst

Verwechslung:
P. subcaesia, auf Laubgehölzen

Dieser Pilz ist auch unter der Bezeichnung *Spongiporus caesius* bekannt. Man findet ihn auf Totholz, besonders auf Nadelbäumen. Er ist leicht an seinen weichen, weißlichen, konsolenartigen Fruchtkörpern zu erkennen, die sich mit zunehmendem Alter deutlich blau oder blaugrau verfärben. Die verwandte Art *P. subcaesia* verfärbt sich in geringerem Maße.

J	F	M	A	M	J
J	A	S	O	N	D

Bitterer Saftporling

Postia stiptica

Fruchtkörper:
2–8 cm breit, 1–3 cm dick, konsolenförmig, Oberseite weißlich, rauh, uneben, Fleisch weiß, mit bitterem Geschmack. Röhren bis 7 mm lang. Poren weißlich, im frischen Zustand Tropfen absondernd. Sporen weiß

Vorkommen:
Auf abgestorbenen Stämmen und Stümpfen, gewöhnlich auf Nadelgehölzen, im Sommer-Herbst

Verwechslung:
P. lactea mit mildem Geschmack

Wächst als Saprophyt, selten auch als schwacher Parasit, überwiegend auf Nadelgehölzen, kommt aber auch an Laubbäumen vor. Die Fruchtkörper des Bitteren Saftporlings stehen einzeln oder zu mehreren etagenartig übereinander. Er ist gut an seinem bitteren Geschmack zu erkennen. Auch unter der Bezeichnung *Spongiporus stypticus* bekannt.

J	F	M	A	M	J
J	A	S	O	N	D

Schwefelporling

Laetiporus sulphureus

Fruchtkörper:
15–40 cm, dick und unregelmäßig, konsolenartig, Hüte einzeln, an einer gemeinsamen Basis verwachsen, Oberfläche anfangs gelb oder orange, mit schwefelgelbem Rand, im Alter weißlich verblassend. Fleisch dick, weißlich. Poren eng, jung schwefelgelb. Sporen weiß

Vorkommen:
An Stümpfen und Stämmen verschiedener Bäume, im Frühsommer-Herbst

Verwechslung:
Keine

Ein großer, auffälliger Pilz mit leuchtend gelbem und orangem Fruchtkörper. Im Alter verblassen die Farben, und das Fleisch wird käseartig, bröckelig. Er lebt parasitisch, dringt über Wunden in den Wirt ein und verursacht eine Rotfäule, die das Kernholz würfelförmig zerfallen läßt. Befallene Bäume sind meist noch Jahre lebensfähig. Eßbar, kann aber allergische Reaktionen auslösen.

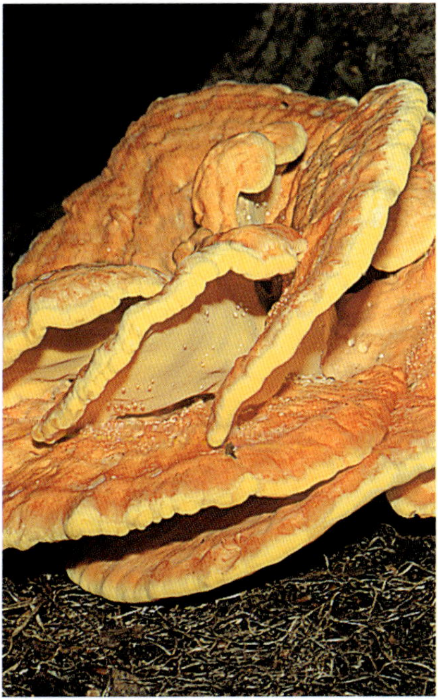

J	F	M	A	M	J
J	A	S	O	N	D

Riesen-Porling

Meripilus giganteus

Fruchtkörper: Sehr groß, 50–150 cm, zahlreiche konsolenförmige Hüte an der Basis verwachsen. Hüte 10–25 cm, fächerartig, gelbbraun, Oberseite mit dunkleren Zonen. Fleisch weißlich, bei Verletzung schwärzlich verfärbend. Poren sehr eng, weißlich. Sporen weiß

Vorkommen: An der Stammbasis und auf Wurzeln verschiedener Laubbäume, im Sommer-Spätherbst

Verwechslung: *Grifola frondosa*, bei Verletzung nicht schwärzend

In Mitteleuropa verbreitet und wegen seines Aussehens und der ungewöhnlichen Größe ein recht eindrucksvoller Pilz. Er kommt auf den Wurzeln von Bäumen vor und verursacht eine aggressive Weißfäule, die begrenzt die Basis des Stammes befällt und den Baum zum Umstürzen bringen kann. Der Pilz ist nicht giftig, aber als Speisepilz ungeeignet.

J	F	M	A	M	J
J	A	S	O	N	D

Birkenporling

Piptoporus betulinus

Fruchtkörper: Konsolenartig mit schmaler Basis, 10–20 cm breit, anfangs rund, später hufförmig, Oberseite gewölbt, hellbraun, glatt. Fleisch fest, weiß. Poren klein, weißlich. Sporen weiß

Vorkommen: Nur an Birkenstämmen, ganzjährig

Verwechslung: Keine

Ein häufig vorkommender Porling, der an absterbenden und toten Birken zu finden ist, meist zu vielen an einem Stamm. Er befällt sowohl das Kernholz als auch das Splintholz und bringt oft die Baumkrone zum Absterben. Er besitzt festes Fleisch, das sich ideal zum Abziehen von Rasiermessern eignet und früher zu diesem Zweck benutzt wurde.

J	F	M	A	M	J
J	A	S	O	N	D

Eichenwirrling

Daedalea quercina

Fruchtkörper:
Zäh, korkig, formt 5–15 cm breite, halbkreis- oder hufförmige Konsolen, Oberseite hellbraun, uneben mit konzentrischen Leisten. Fleisch 3–6 cm dick, holzfarben, fest. Röhren 1,5–2,5 cm lang, Poren lamellenartig verlängert, unregelmäßig, labyrinthisch wirr

Vorkommen:
Auf Eichenstümpfen, ganzjährig

Verwechslung:
Die Rötende Tramete ist dünnfleischiger, mit rötenden Poren bei Verletzung

Ein ausdauernder, mehrjähriger Konsolenpilz, der das ganze Jahr über zu finden ist. Er wächst überwiegend auf Eichen, aber wie viele Eichenpilze auch auf Eßkastanien. Er verursacht eine würfelige Rotfäule des Holzes. Man kann ihn gut an den lamellenähnlichen, labyrinthisch angeordneten Poren an der Unterseite des fleischigen, dicken Fruchtkörpers erkennen. Die Fruchtkörper wurden früher zum Striegeln von Pferden benutzt, deren Haut für eine Striegelbürste zu empfindlich war.

J	F	M	A	M	J
J	A	S	O	N	D

Rötende Tramete

Daedaleopsis confragosa

Fruchtkörper: Bildet halbkreisförmige, 4–9 cm breite Konsolen, oberseits mit feinen unregelmäßigen, radialen Leisten. Fleisch weißlich, an der Hutbasis 1,5–3,5 cm dick. Poren in der Form variabel, etwas schlitzartig verlängert, weißlich, rötend bei Verletzung. Sporen weiß

Vorkommen: Auf abgestorbenen Stämmen und Ästen von Birken und Weiden, im Herbst

Verwechslung: Eichenwirrling, auf Eichen, dickfleischiger

Der volkstümliche Name bezieht sich auf die intensive rote Farbe, die augenblicklich erscheint, wenn die Porenschicht gedrückt oder verletzt wird. Der Fruchtkörper ist sehr regelmäßig in der Form, im Gegensatz zu den Poren, die in ihrer Ausgestaltung variieren können: von länglichrund bis lamellenartig. Die Rötende Tramete wächst auf Totholz und verursacht Weiße Naßfäule. Mit seinem zähen Fleisch ist er ungenießbar.

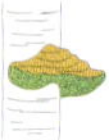

J	F	M	A	M	J
J	A	S	O	N	D

Wurzelschwamm

Heterobasidion annosum

Fruchtkörper: Resupinat oder eine Konsole bildend, bis 15 cm breit, 2–3 cm dick, Oberseite uneben, braun bis orangebraun, weißer Rand. Fleisch fest, zäh, weißlich bis cremefarben. Poren eng, weiß. Sporen weiß

Vorkommen: An Stämmen und Wurzeln lebender Nadelbäume, selten auf Laubholz, ganzjährig

Verwechslung: Keine

Ein gefährlicher Parasit auf Nadelgehölzen, der erhebliche Schäden in Nadelforsten verursacht, aber auch in natürlichen Nadelwäldern auftritt. Der Pilz befällt die Stammbasis oder wächst auf den Wurzeln der Wirtsbäume und ruft Weißfäule des Kernholzes hervor. Die Konsolen des Wurzelschwamms sind mehrjährig, man kann sie das ganze Jahr finden.

J	F	M	A	M	J
J	A	S	O	N	D

Echter Zunderschwamm

Fomes fomentarius

Fruchtkörper: Derb, konsolenförmig, pferdehufartig, 10–30 cm breit, 5–20 cm dick, Oberseite mit harter Kruste, grau mit konzentrischen Furchen. Fleisch zäh, hellbraun. Röhren braun in jährlichen Schichten. Poren eng, graubraun. Sporen gelblich

Vorkommen: Auf Buchen und Birken, mehrjährig

Verwechslung: *Ganoderma adspersum*, mit brauner Oberfläche und weißlichen, bei Verletzung bräunenden Poren

Ein auffälliger, holzbewohnender Pilz, der bevorzugt auf Buchen und Birken wächst. Der Echte Zunderschwamm bildet mehrjährige, an Pferdehufe erinnernde, mächtige Konsolen, die einzeln oder in Etagen übereinanderstehen. An der Zonierung des Hutes kann man das Alter der Fruchtkörper abschätzen. Er verursacht Weiße Naßfäule des Kernholzes.

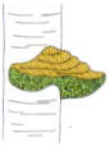

J	F	M	A	M	J
J	A	S	O	N	D

Kiefern-Braunporling

Phaeolus schweinitzii

Fruchtkörper: Unregelmäßig geformt, konsolenartig oder rund, gewöhnlich gestielt, 10–30 cm breit, im frischen Zustand weich und schwammig. Oberseite rauhfilzig, gelbbraun bis dunkelbraun, mit gelbem Rand. Fleisch rostbraun, faserig. Poren olivgelb, später rostfarben. Sporen hellgelb

Vorkommen: Auf Wurzeln und Stämmen von Nadelgehölzen, im Herbst

Verwechslung: Einige *Inonotus*-Arten

Ein bevorzugt an den Wurzeln von Kiefern, vorkommender, konsolenförmiger Pilz. Er lebt parasitisch, dringt in das Kernholz ein und ruft Rotfäule hervor, bei der das Holz würfelartig zerfällt. Die Fruchtkörper sind mehrjährig und bleiben auch an den abgestorbenen Bäumen erhalten. Der Kiefern-Braunporling besitzt weiches und schwammiges Fleisch.

J	F	M	A	M	J
J	A	S	O	N	D

Ulmenporling

Rigidoporus ulmarius

Fruchtkörper: Mehrjährig, sehr groß, bis 50 cm breit oder mehr, konsolenförmig, Oberseite weißlich bis gelblich, uneben und höckrig. Rand stumpf. Fleisch weißlich, zäh, holzig. Röhren bis 6 mm lang, in jährlich neuen Lagen, orangebraun. Poren sehr eng, blaßorangebraun. Sporen weiß

Vorkommen: Auf Stämmen, Stümpfen und Wurzeln von Ulmen, mehrjährig

Verwechslung: Keine

Die größten bekannten Exemplare konsolenförmiger Pilze gehören dieser Art an. Die Fruchtkörper sind mehrjährig, können 10–15 Jahre lang wachsen und erreichen in diesem Zeitraum eine beachtliche Größe. Der Ulmenporling verursacht Stammfäule. Die Fruchtkörper entwickeln sich häufig im Inneren von alten, hohlen Ulmenstämmen und Stümpfen.

J	F	M	A	M	J
J	A	S	O	N	D

Wulstiger Lackporling

Ganoderma adspersum

Fruchtkörper: Groß, derb, konsolenförmig, bis 60 cm breit, oberseits mit mattgraubrauner Kruste, konzentrisch gefurcht. Fleisch zäh, rostbraun bis 10 cm dick. Röhren in mehrjährigen Schichten. Poren weißlich, bei Verletzung braun verfärbend. Sporen braun

Vorkommen: Auf Buchen, seltener auf anderen Laubbäumen, als Parasit Fäule verursachend, mehrjährig

Verwechslung: *G. applanatum*, kleinere Konsolen mit schmalem Rand und weißfleckigem Fleisch

Eine verbreitete, gewöhnlich auf Buchen, allerdings ebenso auf anderen Laubbäumen vorkommende Art. Der Pilz verursacht Kernholzfäule, die zwar langsam fortschreitet, aber den Baum schließlich zum Absterben bringen kann. Die Porenschicht der Fruchtkörper des Wulstigen Lackporling ist weißlich und verfärbt sich bei Druck oder Verletzung braun.

J	F	M	A	M	J
J	A	S	O	N	D

Glänzender Lackporling

Ganoderma lucidum

Fruchtkörper:
Gestielt, mit glänzender rotbrauner oder purpurbrauner Kruste. Hut halbkreis- oder nierenförmig, 6–20 cm breit, mit seitlichem Stiel, oberseits konzentrisch gezont, mit gefurchtem Rand, Stiel variabel bis 20 cm lang, 1–3 cm dick. Poren klein, weißlich, später braun. Sporen rostfarben

Vorkommen:
An Stämmen und Wurzeln von Laubbäumen, ganzjährig

Verwechslung:
G. carnosum wächst auf Nadelgehölzen

Eine weit verbreitete Art, die man gut am Stiel und der glänzenden, rötlichbraunen Oberfläche des Hutes erkennen kann. Der Glänzende Lackporling kommt meist auf Eichen vor und verursacht Weißfäule des Holzes. Eine eng verwandte, in China beheimatete Art wird medizinisch als ein Mittel gegen Krebs und als anregendes Tonikum verwendet.

J	F	M	A	M	J
J	A	S	O	N	D

Leberpilz, Ochsenzunge

Fistulina hepatica

Fruchtkörper: 10–30 cm breit, fleischig, weich, zungenförmig, an der Basis verschmälert, oft mit kurzem Stiel, blutrot bis rotbraun. Oberseite angerauht. Fleisch sondert bei Verletzung rötlichen Saft ab. Röhren, einzeln, rötlich. Poren rund, rötlichcremefarben oder gelblich. Sporen rosa

Vorkommen: Auf Stämmen von Eichen oder Eßkastanien, im Sommer-Herbst

Verwechslung: Keine

Die Fruchtkörper des Leberpilzes erinnern – wie die beiden volkstümlichen Namen besagen – in ihrer Form an eine Ochsenzunge, während das Fleisch in seiner Konsistenz leberartig ist, dick, saftig und eine rötliche Flüssigkeit absondert. Der Pilz ist eßbar, besitzt jedoch einen unangenehmen, säuerlichen Geschmack nach Tanninen des Holzes.

J	F	M	A	M	J
J	A	S	O	N	D

Dauerporling

Coltricia perennis

Hut:
2–6 cm, in der Mitte leicht trichterartig vertieft, feinsamtig, mit fahlgelb und rotbrauner, konzentrischer Zonierung

Stiel:
1–3 cm hoch, rund, rostbraun. Fleisch zäh, dünn, fahl gelbbräunlich

Röhren:
Kurz, leicht am Stiel herablaufend. Poren eng. Sporen gelbbraun

Vorkommen:
Auf alten Brandplätzen, auf Heideboden und sandigen Stellen in Wäldern, im Sommer-Winter

Verwechslung:
Onnia tomentosa, in Nadelwäldern, Hut nicht gezont

In Deutschland nicht weit verbreitet. Man kann ihn an verschiedenen Standorten finden. Häufig wächst er auf alten Brandstellen und auf sandigen Flächen in Wäldern und Heiden. Sein Hut ist deutlich gezont und samtig und das Fleisch zäh. An diesem Merkmal und dem zentralen, machmal etwas seitlich versetzten Stiel ist er leicht zu identifizieren.

J	F	M	A	M	J
J	A	S	O	N	D

Tropfender Schillerporling

Inonotus dryadeus

Fruchtkörper: Konsolenförmig, 15–40 cm breit, bis 12 cm dick, korkig, oberseits blaßgraubraun, später nachdunkelnd, Rand abgerundet, breit, sondert rötlichgelbe Tröpfchen ab. Poren klein, rostbraun. Fleisch rostbraun, faserig, weich, aber zäh. Sporen weißlich

Vorkommen: An der Basis von Eichenstämmen, ganzjährig

Verwechslung: Keine

Ein auffälliger, an der Stammbasis von Eichen oder Eßkastanien wachsender Pilz. Er sondert am Hutrand Flüssigkeit ab, die auf der Hutoberfläche rötlichgelbe, kleine Flecken hinterläßt. Der Pilz lebt parasitisch und verursacht an der Stammbasis seines Wirtes eine schwammige Weißfäule des Kernholzes, ohne ihn stark zu schädigen.

J	F	M	A	M	J
J	A	S	O	N	D

Zottiger Schillerporling

Inonotus hispidus

Fruchtkörper:
10–25 cm breit, konsolenförmig, Oberseite ausgeprägt borstig, braun bis dunkelbraun. Fleisch weich, rostbraun. Poren eng, anfangs ockerfarben, später rostbraun. Sporen gelbbraun

Vorkommen:
Lebt als Parasit auf verschiedenen Bäumen, im Sommer-Spätherbst

Verwechslung:
Phaeolus schweinitzii, im Alter ähnlich, wächst auf Nadelgehölzen

Ein parasitisch lebender Pilz, der an Wundstellen in seinen Wirt eindringt und eine schwammartige Weißfäule des Kernholzes hervorruft. Die Fruchtkörper erscheinen an Stämmen und Ästen. Man kann den Zottigen Schillerporling der Familie der Borstenpilze an seinem weichen Fleisch, der hellen, rostbraunen Farbe und der rauhen Hutoberfläche erkennen.

J	F	M	A	M	J
J	A	S	O	N	D

Erlen-Schillerporling

Inonotus radiatus

Fruchtkörper:
Konsolenförmig, in Etagen übereinanderstehend, 4–7 cm breit an der Basis 2–4 cm dick. Oberseite fuchsbraun, mit hellem, gelbem Rand, anfangs feinsamtig. Fleisch gelbbraun, faserig, fest, getrocknet hart. Poren klein, gelbbraun bis rosa, im Licht glitzernd. Sporen blaßgelb

Vorkommen:
Auf Stämmen von Laubbäumen, im Sommer-Spätherbst

Verwechslung:
I. nodulosus auf Buchen

Eine ungewöhnliche Art der Borstenpilze, die häufig auf toten oder alten, absterbenden Stämmen von Erlen wächst, seltener auf Birken oder anderen Laubbäumen. Die Fruchtkörper erscheinen meist in großer Anzahl, sie stehen in dichten Trauben etagenartig übereinander. Dieser Schillerporling ist ein wichtiger, holzabbauender Saprophyt der Erlen.

J	F	M	A	M	J
J	A	S	O	N	D

Gemeiner Feuerschwamm

Phellinus igniarius

Fruchtkörper: 10–30 cm breit, 5–15 cm dick, konsolenförmig, hufartige Gestalt, hart, holzig. Oberseite mit konzentrischen Furchen, dunkelbraun bis graubraun, später schwärzlich, Rand abgerundet, blaßbraun, samtig. Fleisch rostbraun. Poren eng, rostbraun

Vorkommen: Als Parasit auf Weiden, seltener auf anderen Laubbäumen, im Frühjahr-Herbst

Verwechslung: Keine

Die Fruchtkörper kann man einzeln oder zu mehreren das ganze Jahr über auf Weiden, Erlen, aber auch auf Apfelbäumen und verschiedenen anderen Laubbäumen finden. Die großen, konsolenförmigen, holzigen und harten Hüte sind mehrjährig. Der Gemeine Feuerschwamm lebt parasitisch. Er verursacht auch eine Weißfäule des Kernholzes.

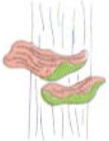

J	F	M	A	M	J
J	A	S	O	N	D

Rotbraune Borstenscheibe

Hymenochaete rubiginosa

Fruchtkörper:
Teilweise resupinat, in Reihen oder Etagen übereinander wachsend, konsolenförmig, bis 7 cm breit, Rand wellig, ziemlich steif. Oberseite rotbraun mit konzentrischen Zonen, glatt. Fertile Oberfläche rostbraun. Sporen blaßgelblich

Vorkommen:
Auf verrottenden Eichen- oder Eßkastanienstümpfen, ganzjährig

Verwechslung:
H. tabacina, tabakbraun, auf Weiden und Haselnußsträuchern

Die Art aus der Familie der Borstenpilze wächst an entrindeten Stümpfen und Stämmen von Eichen und Eßkastanien und verursacht Weiße Lochfäule. Die steifen, rotbraunen, konsolenartigen Hüte sind gut zu erkennen. Man kann sie über Jahre am selben Ort finden. Verwechslung mit der ähnlichen Art *H. tabacina*.

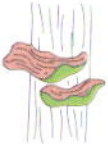

J	F	M	A	M	J
J	A	S	O	N	D

Runzeliger Schichtpilz

Stereum rugosum

Fruchtkörper: Zäh, ledrig, überwiegend resupinat und meist nur mit wenigen, schmalen, konsolenförmigen Hüten, Hutoberfläche filzig, ockerbraun bis graubraun, unregelmäßig in der Form. Fertile Oberfläche geschichtet, lederfarben oder rosalederfarben, bei Verletzung rot blutend. Fleisch ziemlich dick. Sporen weiß

Vorkommen: Auf Ästen oder Stämmen von Laubgehölzen, ganzjährig

Verwechslung: *S. gausapatum*, auf Eichen, mit dünneren, weißrandigen Konsolen, bildet rotwäßrigen Saft

Eine von vielen *Stereum*-Arten, die bei Verletzung eine rötliche Flüssigkeit absondern (bluten). Man kann diesen krustigen Pilz an seinem relativ dicken, oft geschichteten Fleisch erkennen, ein gut entwickelter, konsolenartiger Hut fehlt. Diese Pilzart lebt sapropytisch und verursacht Weißfäule. Der Schichtpilz befällt auch verbautes Holz in Gebäuden.

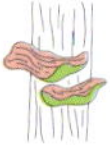

J	F	M	A	M	J
J	A	S	O	N	D

Striegeliger Schichtpilz

Stereum hirsutum

Fruchtkörper: Manchmal resupinat, überwiegend konsolenförmig, Oberseite haarig, blaßgelblichgrau, schwach gezont, Rand wellig. Fleisch dünn, ledrig, zäh. Fertile Oberfläche glatt, leuchtend gelborange, später ausbleichend, bei Verletzung nicht blutend. Sporen weiß

Vorkommen: Auf toten Stämmen und Stubben von Laubgehölzen, ganzjährig

Verwechslung: Keine

Eine weit verbreitete Pilzart, die gewöhnlich auf umgestürzten Stämmen oder an Ästen wächst und das Splintholz abbaut. Gelegentlich befällt dieser Schichtpilz auch als Parasit lebende Laubgehölze. Sein Erscheinungsbild variiert, in der Regel bildet er gut entwickelte, konsolenartige Fruchtkörper oder wächst flächig ausgebreitet und auf der Unterseite von Stämmen.

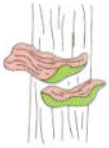

J	F	M	A	M	J
J	A	S	O	N	D

Violetter Knorpelschichtpilz

Chondrostereum purpureum

Fruchtkörper: Resupinat, manchmal großflächig ausgebreitet, mit konsolenförmig hochgewölbten Rändern, 2–4 cm, oft in Etagen übereinanderstehend. Oberseite weißlich oder grau, haarig, Unterseite purpurviolett, glatt. Sporen weiß

Vorkommen: Auf Stämmen und Stümpfen von Laubbäumen, auch parasitisch, besonders auf Gehölzen der Rosengewächse, im Sommer-Spätherbst

Verwechslung: Einige *Amylostereum*-Arten auf Nadelbäumen

Man findet den krustigen Pilz auf verschiedenen Harthölzern, häufig auf Birken. Man kann ihn kaum mit anderen Arten verwechseln. Im frischen Zustand ist die fertile Oberfläche der Fruchtkörper intensiv violett bis purpurbraun gefärbt. Der Violette Knorpelschichtpilz verursacht die gefürchtete Silberblatterkrankung von Rosengehölzen. Die befallenen Bäume sterben nach 2–3 Jahren ab.

J	F	M	A	M	J
J	A	S	O	N	D

Gallertfleischiger Fältling

Merulius tremellosus

Fruchtkörper: Ausgedehnt, resupinat mit konsolenförmigen Rändern, Hüte dachziegelartig überlappend angeordnet. Hut 2–7 cm, gallertig, Oberseite filzig, weißlich, oft mit rosa Rand. Porenseite orangegelb bis rosa, eine unregelmäßige, netzartig aderige Oberfläche bildend. Fleisch dünn, blaßgelblich bis weißlich. Sporen weiß

Vorkommen: Auf Stämmen und Stümpfen verschiedener Bäume, besonders auf Buchen, ganzjährig

Verwechslung: Einige *Serpula*-Arten sind weniger hutförmig, mit gelben Sporen

Eine weit verbreitete Art, die saprophytisch auf verschiedenen Laub- und Nadelgehölzen vorkommt. Er entwickelt ausgeprägte, weiche, biegsame und konsolenartige Fruchtkörper mit engen, unregelmäßigen Poren als unverwechselbares Kennzeichen. Man kann diesen Fältling das ganze Jahr über finden, besonders häufig im Herbst und frühen Winter.

J	F	M	A	M	J
J	A	S	O	N	D

Orangeroter Kammpilz

Phlebia radiata

Fruchtkörper: Ausgebreitet, bildet unregelmäßige, krustige, 2–10 cm große Flecken mit stark strahlig gefälteter Oberfläche und klumpigem Zentrum, leicht grauorange. Rand orange, fransig, frei, etwas erhaben

Vorkommen: Auf Stämmen und Strünken von Laubgehölzen, ganzjährig

Verwechslung: *P. rufa* ist in der Farbe ähnlich, jedoch mit poriger, fertiler Oberfläche

Die Bezeichnung *Phlebia merismoides* ist für den Orangeroten Kammpilz ebenfalls gebräuchlich. Wegen seiner Vielfältigkeit in Farbe und Form erhielt dieser Pilz verschiedene Namen. Junge Exemplare besitzen gewöhnlich leuchtend orange Farbtöne, die allerdings je nach Alter und Zustand verblassen können. Eine weiße Form ist ebenfalls bekannt.

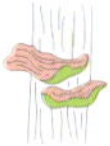

J	F	M	A	M	J
J	A	S	O	N	D

Nierenförmiger Erdwarzenpilz

Thelephora terrestris

Fruchtkörper: Variabel im Erscheinungsbild, gewöhnlich fächerartig, 2–6 cm, mit unregelmäßigem, rissigem Rand, fertile Oberfläche schokoladenbraun, Oberseite filzig

Vorkommen: Auf sandigen Böden und auf Wurzeln in Wäldern, im Sommer-Spätherbst

Verwechslung: *T. penicillata* ist polsterförmig mit feinen, kurzen Ästen

Die fächerartigen oder rosettigen Fruchtkörper dieser Art findet man besonders in Nadelwäldern auf dem Boden, auf Wurzeln, Ästen oder anderen pflanzlichen Teilen. Teilweise bedeckt er ausgedehnte Areale. Man kann ihn gut von anderen *Thelephora*-Arten unterscheiden. Sie sind in der Regel stärker verzweigt und erinnern entfernt an Korallen.

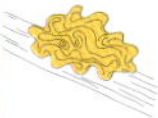

J	F	M	A	M	J
J	A	S	O	N	D

Judasohr

Auricularia auricula-judae

Fruchtkörper:
Ohrförmig oder unregelmäßig geformt, 8 cm, gallertig, nach dem Trocknen hart. Außenseite rötlichbraun, leicht filzig. Innenseite graubraun,etwas gefaltet. Sporen weiß

Vorkommen:
Auf toten Ästen von Laubgehölzen, besonders Holunder, ganzjährig

Verwechslung:
Einige *Peziza*-Arten, mit sprödem, nicht gallertigem Fleisch

Die ohrähnlichen Fruchtkörper werden als Delikatesse, besonders in der asiatischen Küche, verwendet. Der auffällige Pilz wächst einzeln oder in kleinen Gruppen an verschiedenen Gehölzen, besonders an Holunder. Der volkstümliche Name Judasohr bezieht sich auf Judas Ischarioth, den Verräter Christi, der sich an einem Holunderbaum erhängt haben soll.

J	F	M	A	M	J
J	A	S	O	N	D

Gezonter Ohrlappenpilz

Auricularia mesenterica

Fruchtkörper: Unregelmäßig in der Form, gallertig, ausladend, oft konsolenförmig. Oberseite filzig, gezont, graubraun, Rand weißlich, gelappt. Untere Seite purpurrot, weißlich bereift, unregelmäßig gelappt und gefaltet

Vorkommen: Auf verrottenden Stämmen und Stümpfen von Laubbäumen, besonders Ulmen und Buchen, ganzjährig

Verwechslung: *Chondrostereum purpureum*, am gleichen Standort, aber weniger gelappt und faltig, nicht gelatinös

Eine wenig verbreitete Art. Man kann die gallertigen Fruchtkörper leicht erkennen an ihrer filzigen Oberfläche und der lappigen, manchmal darmähnlich verschlungenen Unterseite. Das Fleisch wird beim Trocknen, wie bei vielen Gallertpilzen, hart und starr. Er ist ungiftig, aber als Speisepilz wegen seines unangenehmen Geschmacks nicht geeignet.

J	F	M	A	M	J
J	A	S	O	N	D

Blasser Hörnling

Calocera pallidospathulata

Fruchtkörper: Gallertig, Farbe variierend hellorange bis dunkelorange, 4–12 cm hoch, gestielt. Fertiler Kopf unregelmäßig geformt

Vorkommen: In dichten Beständen auf moderndem Holz von Nadel- und Laubbäumen, im Herbst

Verwechslung: *C. glossoides* keulig zusammengedrückt, mit Längsfurchen

Die Art besitzt eine ungewöhnliche und interessante Geschichte. Erstmalig ist sie 1976 in England beschrieben worden. Die Herkunft ist bislang jedoch völlig unbekannt. Von vereinzelten Fundorten ist seit 1976 berichtet worden. Er wächst in größeren Gruppen auf verrottenden Ästen verschiedener Laub- und Nadelgehölzen.

J	F	M	A	M	J
J	A	S	O	N	D

Klebriger Hörnling

Calocera viscosa

Fruchtkörper:
2–8 cm hoch, orangegelb, geweihartig ästig verzweigt, gummiartig, schleimig. Sporen gelblich

Vorkommen:
Auf verrottenden Stämmen von Nadelbäumen, im Sommer-Spätherbst

Verwechslung:
Einige *Clavaria*-Arten sind zarter, brüchiger und wachsen nicht auf Stubben. Andere, weniger verzweigte *Calocera*-Arten

Er wächst häufig einzeln oder in Büscheln an alten Stümpfen von Nadelbäumen. Die Fruchtkörper sind gewöhnlich verzweigt, die Äste ihrerseits gegabelt. Das Fleisch ist in seiner Beschaffenheit geschmeidig, fest und klebrig. Eine weiße Form dieses Hörnlings, als var. *cavarae* bezeichnet, kommt selten vor.

J	F	M	A	M	J
J	A	S	O	N	D

Gallerttropfen

Dacrymyces stillatus

Fruchtkörper: Gallertig, im frischen Zustand weich, gelb bis orange, in Form und Größe unterschiedlich, meist kissenartig, 3–8 mm im Durchmesser

Vorkommen: Auf Totholz jeglicher Art, ganzjährig

Verwechslung: Junge Exemplare von *Tremella mesenterica* sind ähnlich

Eine weit verbreitete Art, die auf moderndem, feuchtem Holz vorkommt, selbst auf Pfosten, Masten und Brettern. Die weichen, gallertigen, gelborangen, kissenähnlichen Fruchtkörper sind charakteristisch, dennoch mit verwandten Arten zu verwechseln, die man nur mikroskopisch unterscheiden kann.

J	F	M	A	M	J
J	A	S	O	N	D

Warziger Drüsling

Exidia glandulosa

Fruchtkörper:
2–6 cm, gallertig, schwärzlich. Fertile Oberseite und Unterseite mit kleinen, drüsigen Warzen besetzt. Untere Oberfläche samtig. Sporen weiß

Vorkommen:
Auf Totholz von Laubbäumen, besonders auf Eichen, ganzjährig, gehäuft im Sommer-Spätherbst

Verwechslung:
E. recisa auf Weiden ist orangebraun und glatt; *E. saccharina* auf Kiefern, braun

Er wird oft wegen seines weichen, gallertigen Fleisches als Schwarze Hexenbutter bezeichnet. Man findet ihn häufig auf Totholz verschiedener Laubbäume, besonders auf Eichen. Die Ober- und Unterseite des Fruchtkörpers ist mit kleinen, drüsigen Warzen besetzt. Einzelne Fruchtkörper verschmelzen oft miteinander und bilden große, unregelmäßig geformte Fladen.

J	F	M	A	M	J
J	A	S	O	N	D

Goldgelber Zitterling

Tremella mesenterica

Fruchtkörper:
2–9 cm, gallertig, weich, leuchtend orangegelb, stark ungleichmäßig lappig, hirnartig gewunden, bei Trockenheit hart. Sporen weiß

Vorkommen:
Auf toten Ästen und Zweigen von Laubgehölzen, häufig auf Eichen und Hainbuchen, ganzjährig, meist im Herbst-Frühjahr

Verwechslung:
Keine

Ein aufgrund seiner leuchtend orangegelben Farbe auffälliger Pilz. Die hirnartig gewundene, lappige, gefaltete Form und die gallertige, weiche Konsistenz des Fleisches sind ebenfalls charakteristische Merkmale. Er kommt besonders nach längeren Feuchtperioden auf totem Laubholz und abgebrochenen Ästen vor, bevorzugt auf Buchen. Alternde Fruchtkörper zerfließen oft zu einer formlosen Masse.

J	F	M	A	M	J
J	A	S	O	N	D

Flaschenstäubling

Lycoperdon perlatum

Fruchtkörper:
4–9 cm hoch, oben kugelig mit stielähnlicher Basis, anfangs weißlich, später gelblichbraun. Oberfläche mit kegeligen, brüchigen Warzen bedeckt, die nach dem Abreiben ein netzartiges Muster hinterlassen. Sporen werden durch eine schmale Pore entlassen, Sporenmasse olivbraun. Steriler Stielabschnitt schwammig

Vorkommen:
In Wäldern, im Sommer-Spätherbst

Verwechslung:
L. foetidum ist stachelig, dunkler

Ein weit verbreiteter Pilz, der in Büscheln auf dem Boden verschiedener Waldtypen wächst. Man kann ihn leicht an den kegeligen Warzen erkennen, die abgerieben ein netzartiges Muster auf der Oberfläche hinterlassen. Die Fruchtkörper sind bis zur einsetzenden Sporenreife innen weiß und in diesem Stadium eßbar. Die Sporenmasse wurde früher als blutstillendes Mittel verwendet.

J	F	M	A	M	J
J	A	S	O	N	D

Birnenstäubling

Lycoperdon pyriforme

Fruchtkörper:
2–5 cm hoch, oben kugelig, oft mit zentralem Buckel und deutlich verjüngter Basis. Anfangs mit feinstacheliger Oberfläche schorfig, später glatt, mit apikaler, enger Pore. Sporenmasse bei Reife olivbraun. An der Basis weiße Myzelstränge

Vorkommen:
In Büscheln auf verrottenden Stämmen, Stümpfen und Wurzeln, im Sommer-Spätherbst

Verwechslung:
Andere, nicht auf Holz wachsende Stäublinge mit rauher Oberfläche

Der einzige in Mitteleuropa vorkommende Stäubling, der auf Holz wächst. Die weißen Myzelstränge an der Basis sind ebenfalls ein charakteristisches Merkmal und für eine sichere Bestimmung hilfreich, wenn die Fruchtkörper über im Boden verborgenem Holz stehen. Die Fruchtkörper sollen eine gegen Krebs wirksame Substanz enthalten. Im Jungstadium genießbar.

J	F	M	A	M	J
J	A	S	O	N	D

Münzenstäubling

Vascellum pratense

Fruchtkörper: 1,5–4 cm hoch, 2–4 cm breit, kugelig, bei Reife oben abgeflacht, Oberfläche schuppig, anfangs mit feinen Stacheln besetzt, weißlich, später graubraun. Mit Pore öffnend oder aufplatzend. Steriler Stielabschnitt vom fertilenTeil durch Scheidewand deutlich abgegrenzt. Sporenmasse olivbraun

Vorkommen: Auf verschiedenen Grasflächen, Wiesen, Weiden, Rasen, im Frühsommer-Spätherbst

Verwechslung: *Handkea utriformis*, an gleichen Standorten, größer

Der Münzenstäubling ist auf verschiedenen Grasflächen zu finden, wächst aber auch auf gedüngten und fetten Wiesen; er bevorzugt jedoch trockene Standorte. An alten Fruchtkörpern der Art, die ihre Sporen entlassen haben, kann man die dünne Scheidewand, die die Sporenmasse von der sterilen Basis trennt, sehr gut erkennen. Dieses Merkmal ist für Arten dieser Gattung charakteristisch.

J	F	M	A	M	J
J	A	S	O	N	D

Schwarzer Bovist

Bovista nigrescens

Fruchtkörper: Fast kugelförmig, 4–6 cm, ohne Stielabschnitt, locker mit Myzelsträngen im Erdboden verbunden, leicht abbrechend und frei umherrollend. Äußere Oberfläche anfangs weiß, später wegflockend, die purpurbraune, später schwarzbraune, glänzende Innenwand freilegend. Mit großer Pore öffnend. Sporenmasse dunkel purpurbraun

Vorkommen: Auf Grasland, auf Wiesen, in Parkanlagen, im Sommer-Herbst, alte Fruchtkörper ausdauernd

Verwechslung: *B. plumbea* ist kleiner, bleigrau

Er unterscheidet sich von anderen Bauchpilzen durch die fehlende, separate, sterile Basis. Die Sporen werden nicht durch eine kleine Pore entlassen, der reife Fruchtkörper reißt unregelmäßig auf. Dieser Bovist ist weitverbreitet und kommt sowohl im Flachland als auch in alpinen Regionen vor. Die Fruchtkörper lösen sich leicht vom Untergrund und können bei Wind frei rollen.

J	F	M	A	M	J
J	A	S	O	N	D

Beutelstäubling

Handkea excipuliformis

Fruchtkörper:
9–18 cm hoch, pistillförmig, Kopf deutlich vom Stielabschnitt abgesetzt, 5–10 cm im Durchmesser. Oberfläche jung fein stachelig und körnig, später glatt weißlich, dann blaßrostgelb bis graubraun; Wand papierartig, bei Reife an der Spitze des Kopfes ungleichmäßig aufreißend. Stielabschnitt zylindrisch, an der Basis breiter, bis 5 cm dick. Sporenmasse dunkel olivbraun

Vorkommen:
In Wäldern, an Waldrändern, im Sommer-Spätherbst

Verwechslung:
Große Exemplare des Flaschenstäublings, mit deutlich stacheliger Oberfläche oder netzartig gemustert

Ein Stäubling, der vorwiegend in Wäldern zu finden ist und nur sehr selten auf Wiesen vorkommt. Man kann ihn gut an seiner typischen Form mit ausgeprägtem Kopf erkennen. Der sterile Stiel bleibt oft noch lange Zeit nach Entlassen der Sporen und Auflösung des Kopfteils erhalten. Im Jungstadium mit weißem Fleisch, vor der Sporenreife, ist er als guter Speisepilz verwendbar.

J	F	M	A	M	J
J	A	S	O	N	D

Hasenbovist

Handkea utriformis

Häufig auf Wiesen und Weiden, bis in subalpine Regionen verbreitet. Im jungen Stadium kann man ihn leicht an den kegelförmigen Warzen auf der Oberfläche erkennen, später wird die Huthaut feldrig rissig. Der Besitz einer sterilen Stielbasis ist ebenfalls charakteristisch. Alte Fruchtkörper überwintern oft. Getrocknete Fruchtkörper des Hasenbovists wurden als Zunder verwendet. Junge Exemplare sind vor der Sporenreife eßbar.

Fruchtkörper:
5–15 cm im Durchmesser, kugelig mit kurzem, stämmigem Stielabschnitt. Oberfläche anfangs weiß, später cremefarben bis hellbraun, im jungen Zustand warzig, später unregelmäßig rissig feldrig. Wand bei Reife weit und ungleichförmig aufreißend. Sporenmasse erst gelblichgrün, dann dunkelolivbraun

Vorkommen:
Auf Wiesen, im Sommer-Herbst

Verwechslung:
Kleine Fruchtkörper des Riesenbovists, mit glatter Oberfläche, ohne sterilen Stielabschnitt

J	F	M	A	M	J
J	A	S	O	N	D

Riesenbovist

Calvatia gigantea

Einer der größten Pilze der Welt, unverwechselbar und im Jungstadium mit seinem festen, weißen Fleisch als ausgezeichneter Speisepilz sehr begehrt. Er ist möglicherweise auch der fruchtbarste Pilz, jeder Fruchtkörper produziert schätzungsweise über 7.000.000.000.000 Sporen. Früher wurde er als Zunder verwendet oder in der Imkerei. Schwelende Fruchtkörper neben dem Bienenstock dienten zur Beruhigung der Bienen. Er enthält Calvacin, ein Antikrebsmittel.

Fruchtkörper: Sehr groß, 20–50 cm im Durchmesser, selten bis 80 cm, beinahe kugelförmig oder leicht abgeflacht, Oberfläche jung weißlich, wie weiches Leder. Steriler Basisabschnitt fehlt. Anfangs innen weiß. Sporenmasse bei Reife olivbraun bis dunkelbraun

Vorkommen: Auf Wiesen und Weiden, in Parkanlagen, im Unterholz von Wäldern, im Sommer-Herbst

Verwechslung: Keine

J	F	M	A	M	J
J	A	S	O	N	D

Kragen-Erdstern

Geastrum striatum

Fruchtkörper: Anfangs geschlossen, später strahlig in Zipfeln aufspringend, äußere Oberfläche krustig, voll entfaltet 3,5–6,5 cm im Durchmesser. Sporensack 1–2,5 cm, graubraun, gestielt, mit deutlichem Kollar. Stiel 3–6 mm hoch, an der Basis in einer häutigen, ringzonenartigen Scheide. Sporenmündung kegelförmig, gefurcht, 2–5 mm hoch. Sporen dunkel gelbbraun

Vorkommen: In Wäldern, Parks, oft auf Kalkböden, im Spätsommer-Herbst

Verwechslung: *G. pectinatum* ist kleiner, ohne Kollar

Der Kragen-Erdstern ist weit verbreitet. Er kommt an verschiedenen Standorten vor, in Wäldern, Parkanlagen, in Gärten, besonders auf Humus- oder Kalkböden. Er wächst einzeln oder in Gruppen. Man kann ihn gut an seinem glatten, gestielten Sporensack erkennen, der basal einen ausgeprägten Ring (Kollar) besitzt. Die Sporenöffnung dieses Erdsterns ist kegelig spitz und deutlich gefurcht – ein charakteristisches Merkmal.

J	F	M	A	M	J
J	A	S	O	N	D

Halskrausen-Erdstern
Geastrum triplex

Fruchtkörper: Anfangs zwiebelförmig, später in 5–7 Zipfeln aufspringend, die sich weit zurückbiegen, auf der Innenseite feldrig zerreißen und den rehbraunen bis rostgelben Sporensack als Kollar umgeben. Offen 4–12 cm im Durchmesser. Äußere Oberfläche nicht krustig. Sporensack ungestielt, 2,5–3,5 cm im Durchmessser, mit leicht erhöhter Pore

Vorkommen: In Wäldern oder auf offenen Plätzen, auf Kalkböden, im Sommer-Spätherbst

Verwechslung: *G. lageniforme*, kleiner, ohne Kollar, selten

Einer der größten Erdsterne, der jedoch weniger häufig zu finden ist. Die jungen Fruchtkörper sind zwiebelartig. Die äußere Hülle des Halskrausen-Erdsterns springt auf und wird in 4–5 Zipfeln zurückgebogen. Die innere Lage reißt feldrig auf und bildet um den Sporensack einen Ring. Im geöffneten Zustand ist dies ein charakteristisches Merkmal dieser europäischen Erdstern-Art.

J	F	M	A	M	J
J	A	S	O	N	D

Kartoffelbovist

Scleroderma citrinum

Fruchtkörper:
5–12 cm, rund bis leicht abgeflacht, ohne stielartige Basis. Haut ledrig, bis 5 mm dick, gelblich bis gelborange, gewöhnlich grobschuppig, warzig. Sporenmasse grau, weiß gekammert, später purpurschwarz. Geruch unangenehm

Vorkommen:
In Wäldern, auf Heideflächen, auf sauren Böden, im Spätsommer-Herbst

Verwechslung:
S. verrucosum und *S. areolatum*, mit kleineren Schuppen und stielartiger Basis; *S. bovista*, mit dünner, meist glatter Oberfläche

Ein verbreiteter Bauchpilz, der bevorzugt auf sauren, sandigen Böden wächst. Er ist an seiner derben, feldrig aufgeplatzen und grobschuppigen Oberfläche gut zu erkennen. Im jungen Stadium ist er eßbar, in größeren Mengen verzehrt, ist er allerdings schwach giftig und sollte deshalb gemieden werden. Er wird manchmal von *Boletus parasiticus*, einem parasitischen Pilz, befallen.

J	F	M	A	M	J
J	A	S	O	N	D

Napf-Teuerling

Cyathus olla

Fruchtkörper:
Gesellig, 1–1,5 cm hoch, kelch- oder trompetenförmig, anfangs geschlossen, an der Basis verjüngt, Rand leuchtend. Außenseite samtig, gelblichbraun, Innenseite weißlichgrau, glatt, enthält mehrere eiförmige, sporenbildende Peridiolen

Vorkommen:
Auf der Erde, auf Zweigen oder pflanzlichem Abfall, im Frühjahr-Spätherbst

Verwechslung:
C. striatus, mit gestriemter Innenfläche

Der Napf-Teuerling wächst bevorzugt in kleineren Gruppen auf der Erde, auf Zweigen, Ästchen, Blättern oder anderem pflanzlichen Abfall. Man kann ihn gut an der glatten, silbrig glänzenden Innenfläche des Bechers erkennen. Die Nestpilze enthalten linsenförmige Peridiolen, in denen die Sporen gebildet werden. Durch auftreffende Regentropfen werden sie oft bis zu einem halben Meter hinausgeschleudert. Bei Reife platzen sie und entlassen die Sporen.

J	F	M	A	M	J
J	A	S	O	N	D

Gestreifter Teuerling

Cyathus striatus

Fruchtkörper:
Becher- oder umgekehrt kegelförmig, 1–1,5 cm hoch, Oberfläche zottig, dunkel rötlichbraun, anfangs mit einer dünnen, weißen Haut verschlossen, die später aufreißt. Innere Oberfläche mit deutlicher Längsstreifung, blaßgrau, leuchtend, enthält linsenförmige, sporenbildende Peridiolen

Vorkommen:
Auf Totholz, in der Waldstreu, auf unterschiedlichen pflanzlichen Resten, im Frühjahr-Herbst

Verwechslung:
C. stercoreus sehr selten, auf Sanddünen

In Mitteleuropa verbreitet, wächst der Gestreifte Teuerling häufig in Gruppen auf verrottendem Holz, faulenden Ästchen und in der Laubstreu. Die borstige, äußere Oberfläche und furchige, innere Oberfläche sind charakteristisch. Junge Exemplare sind mit einer dünnen, weißen Haut verschlossen, die später aufreißt. Die 12–16 linsenförmigen Peridiolen besitzen einen feinen Faden, mit dem sie sich nach dem Ausschleudern aus dem Becher an einen Grashalm oder ähnlichem verankern.

J	F	M	A	M	J
J	A	S	O	N	D

Kugelwerfer

Sphaerobolus stellatus

Fruchtkörper:
Sehr klein, 1,5–2,5 mm im Durchmesser, kugelig, weißlich bis gelb, Wand 4-lagig, bei Reife zipfelig aufreißend, dem Fruchtkörper ein sternartiges Aussehen verleihend. Innenseite blaßorange, schüsselartig, eine einzelne, kugelige, rötlichbraune, die Sporen bildende Peridiole enthaltend, die katapultartig ausgestoßen wird

Vorkommen:
Gesellig zu mehreren auf Stöcken, Zweigen, Blättern, meist in Wäldern, ganzjährig

Verwechslung:
Keine

Eine häufige Art, die jedoch sehr leicht übersehen wird. Die unauffälligen Fruchtkörper wachsen in Gruppen auf Zweigen zwischen Blättern oder auf anderen pflanzlichen Substraten. Sie sind im geöffneten Zustand gut an ihrer Sternform zu erkennen. Die Becher enthalten eine einzige, kugelige Peridiole, die zum Zeitpunkt der Sporenreife bis auf Distanzen von nahezu 5 m fortgeschleudert werden kann. Der volkstümliche Name »Kugelwerfer« beschreibt dieses Phänomen.

J	F	M	A	M	J
J	A	S	O	N	D

Gewöhnliche Hundsrute

Mutinus caninus

Fruchtkörper:
8–12 cm hoch, schlank, bis 1 cm dick, einem gallertigen, eiförmigen, ovalen, 2–3 cm langen, weißlichen Jungstadium entspringend. Stielschaft weißlich oder blaßrostgelb, hohl, an der Spitze verjüngt. Sporenbildende Schicht kegelförmig, spitz, orangerot, bedeckt mit dunkler, olivbrauner Sporenmasse

Vorkommen:
Um alte Stümpfe oder Stämme in Wäldern, im Sommer-Frühwinter

Verwechslung:
Keine

Die einzige in Mitteleuropa vorkommende Art der Gattung *Mutinus*. In manchen Regionen ist sie häufig zu finden, sie wächst in der Nähe alter Baumstubben. Die Fruchtkörper sind unverwechselbar in der Form. Die Arten der Gattungen *Mutinus* und *Phallus* sind ähnlich, der sporenbildende Kopf der Hundsrute ist jedoch als fester Bestandteil des Stiels und nicht als freier, kegelförmiger Hut ausgebildet. Die Stiele entwachsen einer in der Erde verborgenen, eiförmigen Hülle.

J	F	M	A	M	J
J	A	S	O	N	D

Gemeine Stinkmorchel

Phallus impudicus

Fruchtkörper:
12–20 cm hoch, sich aus einem eiförmigen, 3–5 cm langen, weißlichen Jungstadium schiebend. Stielschaft, schwammig, hohl, weißlich, mit kegelförmigem Hut. Hut mit leistenartigem Netzwerk überzogen, später von schleimiger, faulig stinkender, olivbrauner Sporenmasse bedeckt

Vorkommen:
Auf dem Boden in Wäldern, im Sommer-Herbst

Verwechslung:
Keine

Eine auffällige Art, die man lange, bevor man sie sieht, riechen kann. Die phallusartigen Fruchtkörper verströmen bei Sporenreife einen penetranten Geruch. Er dient der Anlockung von Fliegen, die für die Sporenverbreitung sorgen. Die eiförmigen, gallertigen Jungstadien werden volkstümlich als Hexeneier bezeichnet. Sie wurden früher – wohl aufgrund der charakteristischen Form des Stiels – als Aphrodisiakum verwendet.

J	F	M	A	M	J
J	A	S	O	N	D

Scharlachroter Kelchbecherling

Sarcoscypha austriaca

Fruchtkörper: 1,5–5 cm, kelchförmig, gewöhnlich mit Stiel, Rand häufig eingerissen, Innenseite scharlachrot, Außenseite weißlich, samtig

Vorkommen: In Gruppen auf Totholz, zwischen Moos, im Spätwinter-Frühjahr

Verwechslung: *S. coccinea* ist nur mikroskopisch unterscheidbar

Diese Art ist makroskopisch völlig identisch mit der verwandten Art *Sarcoscypha coccinea*, dem Zinnoberroten Prachtbecherling. Die Gattung *Sarcoscypha* wird gegenwärtig wissenschaftlich untersucht, wobei eine Trennung einzelner Arten erfolgt. Beide Arten sind in Färbung und Form außergewöhnlich attraktiv. Die Fruchtkörper erscheinen im Winter oft erst nach der ersten Schneeschmelze und bilden einen hübschen Kontrast zu den tristen Winterfarben.

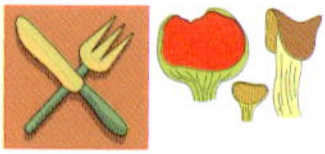

J	F	M	A	M	J
J	A	S	O	N	D

Orangeroter Becherling

Aleuria aurantia

Fruchtkörper: 2–10 cm, becherförmig, später zunehmend lappig oder flach ausgebreitet. Innere Oberfläche leuchtend orange bis orangegelb, im Alter blasser. Außenseite heller, weißlich, flaumig. Fleisch dünn, spröde

Vorkommen: In Gruppen, auf blanker Erde auf Wegen, im Sommer-Spätherbst

Verwechslung: *Melastiza chateri* ist in der Farbe ähnlich, aber kleiner und mit bräunlichem Rand

Ein bekannter Becherling, der gut an der leuchtend orangen Farbe zu erkennen ist. Der Fruchtkörper ist anfangs etwas spröde und becherförmig. Ältere Exemplare sind unregelmäßig abgeflacht und wellig-lappig geformt. Er wächst in dichten Gruppen auf nacktem, feuchtem Boden, an Waldwegen und auf Brachen, seltener zwischen Gras. Besonders häufig ist er nach Feuchtperioden und bei nasser Witterung anzutreffen.

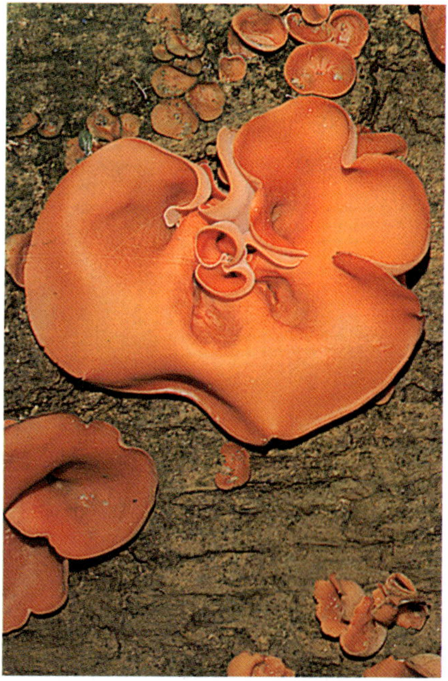

J	F	M	A	M	J
J	A	S	O	N	D

Schildförmiger Borstling

Scutellinia scutellata

Fruchtkörper: Scheibenförmig, 3–7 mm, rötlich-orange, Rand fransig, mit etwa 1 mm langen, dunkelbraunen Haaren

Vorkommen: In Gruppen auf feuchter Erde oder nassem, verrottendem Holz, meist im Frühsommer-Herbst

Verwechslung: Andere *Scutellinia*-Arten, jedoch meist mit kürzeren Haaren

Die Arten der Gattung *Scutellinia* differieren in Farbe und Größe der becherförmigen Fruchtkörper sowie in der Länge der Haare am Becherrand. Sie sind eindeutig nur mikroskopisch zu unterscheiden. Den Schildförmigen Borstling kann man an den auffallend langen Haaren am Rand des becherförmigen Fruchtkörpers erkennen. Er wächst in großer Anzahl gesellig auf nassem, moderndem Holz oder auf feuchter Erde.

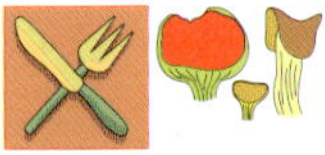

J	F	M	A	M	J
J	A	S	O	N	D

Wachsiger Becherling

Peziza cerea

Fruchtkörper:
2–6 cm, becherförmig bis ausgebreitet, cremefarben bis blaßgelblich, Rand bei jungen Exemplaren eingerollt. Innere Oberfläche glatt, Außenseite heller, schorfig

Vorkommen:
Auf sandigen Böden, an alten Backsteinbauten, ganzjährig

Verwechslung:
Verschiedene andere *Peziza*-Arten mit dunklerer Färbung

Den Wachsigen Becherling kann man oft in der Nähe von Häusern finden. Er wächst auf feuchtem Putz und Mauerwerk und ist ein guter Nässezeiger. Er verschwindet nach Trocknen des Untergrunds wieder. Sein charakteristischer Standort, seine cremefarbenen oder hellgelben, becherförmigen Fruchtkörper machen ihn unverwechselbar.

J	F	M	A	M	J
J	A	S	O	N	D

Kurzstieliger Becherling

Peziza micropus

Fruchtkörper:
2–6 cm, becherförmig bis ausgebreitet, mit einer kurzen, stielartigen Basis und feingekerbtem Rand. Innenseite rehbraun oder blaßockerfarben, glatt. Äußere Oberfläche blasser, weißlich, feinschorfig

Vorkommen:
Auf verrottendem Holz, besonders auf Buchen

Verwechslung:
Verschiedene *Peziza*-Arten, auf der Erde wachsend, nur mikroskopisch zu unterscheiden

Eine der vielen Arten der Gattung *Peziza*, die in Mitteleuropa heimisch sind. Eine eindeutige Identifizierung der verschiedenen Arten ist nicht leicht und erfordert häufig mikroskopische Untersuchung. Der holzbewohnende Kurzstielige Becherling besitzt einen häufig unter der Baumrinde verborgenen Stiel, worauf die Artbezeichnung *micropus* hinweist.

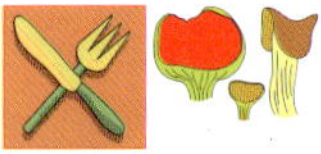

J	F	M	A	M	J
J	A	S	O	N	D

Blasenförmiger Becherling

Peziza vesiculosa

Fruchtkörper:
Unregelmäßig becherförmig, Fleisch dick und spröde, Rand bei jungen Exemplaren eingerollt, gelblich bis rostgelb. 3–9 cm, in Büscheln. Innere Oberfläche oft faltig und blasig. Außenseite schorfig

Vorkommen:
Auf gedüngten Böden, ganzjährig

Verwechslung:
Andere *Peziza*-Arten sind dünnfleischiger

Ein auffälliger Pilz, der häufig in Gärten auf reichgedüngten Böden zu finden ist. Er wächst büschelig, in großer Anzahl und erzeugt auf diese Weise ein eindrucksvolles Bild. In reifen Fruchtkörpern löst sich die fertile Schicht vom darunterliegenden Fleisch ab. Dadurch erscheint die innere Oberfläche blasig aufgeworfen. Das dicke, spröde Fleisch dieser Art ist ebenfalls charakteristisch.

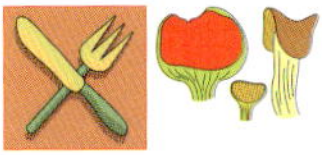

J	F	M	A	M	J
J	A	S	O	N	D

Violetter Becherling

Peziza violacea

Fruchtkörper: Schüsselförmig, 1–3 cm im Durchmesser, vollkommen violett, Außenseite etwas heller

Vorkommen: Einzeln oder in kleinen Gruppen auf Brandstellen

Verwechslung: *P. pseudoviolacea*, nur mikroskopisch zu unterscheiden

Einer von vielen Becherlingen, der auf Brandflächen und Feuerstellen, oft in Schwärmen vorkommt. Der Pilz wächst auch zwischen Moospolstern von *Funaria*, manchmal gemeinsam mit anderen Becherlingen, die ebenfalls Brandstellen besiedeln und von denen über 50 Arten in Mitteleuropa bekannt sind. Einige ähnliche Becherling-Arten sind nur mikroskopisch zu unterscheiden.

J	F	M	A	M	J
J	A	S	O	N	D

Eingeschnittener Öhrling

Otidea alutacea

Fruchtkörper: Becherförmig, an einer Seite gespalten, die gegenüberliegende Seite oft wenig höher, 2–5 cm hoch. Innenseite blaßrehbraun, glatt, Außenseite feinschorfig

Vorkommen: Auf dem Boden, in der Laubstreu von Wäldern, im Sommer-Spätherbst

Verwechslung: Einige andere *Otidea*-Arten, gewöhnlich dunkler

Der eingeschnittene Öhrling wächst in Gruppen in der Laubstreu. Man kann ihn leicht übersehen. Wie bei allen Öhrlingen ist der Fruchtkörper einseitig eingeschnitten. Die gegenüberliegende Seite ist bei dieser Art allerdings nur leicht erhöht. Die rehbraune Farbe ist charakteristisch. Zur genauen, sicheren Bestimmung ist jedoch eine mikroskopische Untersuchung nötig.

J	F	M	A	M	J
J	A	S	O	N	D

Eselsohr

Otidea onotica

Fruchtkörper:
Ohrförmig, einseitig verlängert, 4–9 cm hoch, mit kurzem, weißlichem Stiel. Innenseite gelblich mit rosa Flecken, die bei Trockenheit stärker hervortreten. Außenseite gelblich, schorfig

Vorkommen:
Auf dem Boden in Wäldern, im Herbst

Verwechslung:
Wenige andere *Otidea*-Arten, jedoch ohne rosa Flecken

Eine ungewöhnliche Pilzart der Gattung *Otidea*, in der Form anderen Vertretern ähnlich, aber aufgrund der vergleichsweise großen und leuchtend farbigen Fruchtkörper auffällig. Die rosa Schattierung der Innenseite und die ohrähnliche Form machen diesen Pilz unverwechselbar. Das Eselsohr wächst gewöhnlich in der Laubstreu von Laubwäldern, bevorzugt unter Eichen.

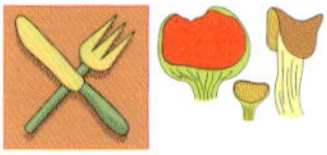

J	F	M	A	M	J
J	A	S	O	N	D

Zedern-Erdbecherling

Geopora sumneriana

Fruchtkörper: Entwicklung unterirdisch als hohle Kugel, bei Reife zur Oberfläche durchbrechend und lappig aufreißend, tief becherförmig, 3–7 cm im Durchmesser. Innere Oberfläche cremefarben, äußere Oberfläche faserig, bräunlich, mit Erde behaftet

Vorkommen: Nur unter Zedern in Parkanlagen und Gärten, im Frühjahr

Verwechslung: *G. sepulta*, in sandigen Böden verborgen wachsend

Eine ungewöhnliche Art und einer der größten Vertreter der Gattung. Die Becher sind tief in der Erde verborgen und brechen erst nach der Reife zur Oberfläche durch. Fast immer mit Zedern in Parkanlagen und Gärten vergesellschaftet. Fruchtkörper erscheinen oft gesellig in großer Anzahl. Im Gegensatz zu anderen *Geopora*-Arten wächst er nur im Frühjahr.

J	F	M	A	M	J
J	A	S	O	N	D

Rippenbecherling

Helvella acetabulum

Fruchtkörper:
4–6 cm, becherförmig, mit kurzem, gefurchtem Stiel, rehbraun bis kastanienbraun, Außenseite heller, flaumig. Stiel 2–3 cm, weißlich, gerippt, Rippen scharfkantig

Vorkommen:
Im Wald in der Laubstreu, auf Sand- und auf Kalkböden, im Frühjahr

Verwechslung:
H. leucomelas, mit kürzerem Stiel, selten

Eine der vielen Arten von *Helvella* mit becherförmiger Gestalt, die bisher in die Gattung *Paxina* eingeordnet wurde. Man kann die Fruchtkörper gut an den typischen, leistenförmigen Verdickungen auf der Außenseite der Becher erkennen. Die rehbraune bis kastanienbraune Farbe ist ebenfalls ein charakteristisches Merkmal des Rippenbecherlings.

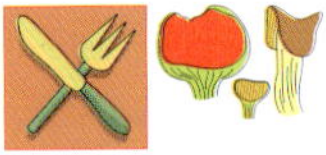

J	F	M	A	M	J
J	A	S	O	N	D

Herbst-Lorchel

Helvella crispa

Fruchtkörper:
Aufrecht, 6–12 cm hoch, Hut sattelförmig, weißlich bis blaßrehbraun, Unterseite glatt, Stiel 3–5 cm lang, 1–2 cm dick, tief gefurcht und gerippt

Vorkommen:
In feuchten Wäldern, an Wegrändern, im Sommer-Spätherbst

Verwechslung:
H. lacunosa ist dunkelgrau

Ein ungewöhnlich geformter Pilz, der bevorzugt auf sandigen Böden in Wäldern und an Wegrändern zu finden ist. Er variiert in Größe und Erscheinungsbild, besitzt jedoch stets einen weißlichen Hut und einen weißen, tiefgefurchten Stiel. Die Herbst-Lorchel gilt nach längerem Abkochen als eßbar, roh verursacht der Pilz Vergiftungserscheinungen.

J	F	M	A	M	J
J	A	S	O	N	D

Glattstiellorchel

Helvella elastica

Fruchtkörper:
Aufrecht, 5–8 cm hoch, Kopf sattelförmig, gefaltet und lappig, weit zum Stiel herabgebogen, blaßgraubraun, Unterseite glatt. Stiel weißlich, zylindrisch, 3–7 mm dick, immer glatt, nicht gefurcht

Vorkommen:
In Wäldern, an Wegrändern, im Spätsommer-Herbst

Verwechslung:
H. latispora, mit weißlichem Hut, Rand stets frei, vom Stiel entfernt

Eine nicht sehr häufige Art der Gattung *Helvella*, die jedoch in Laub- und Nadelwäldern in der Streu gesellig, in großer Anzahl zusammenstehend zu finden ist. Der Stiel des Fruchtkörpers der Glattstiellorchel ist nicht gefurcht, die Oberfläche des Hutes stets glatt. Die lappigen Hutränder des Pilzes sind weit zum Stiel herabgebogen, jedoch nicht angewachsen.

J	F	M	A	M	J
J	A	S	O	N	D

Frühjahrslorchel

Gyromitra esculenta

Fruchtkörper:
Gestielt, fertiler Kopf rötlichbraun, hirnartig gewunden, hohl. Stiel kurz, stämmig, bis 4 cm hoch, weißlich oder blaßfleischfarben, leicht gefurcht, im Inneren gekammert

Vorkommen:
Auf Sandböden, unter Kiefern, selten unter Laubbäumen, im Frühjahr

Verwechslung:
G. gigas ist seltener, *G. infula* ist kleiner

Ein auffälliger Pilz, der häufig mit der Speisemorchel verwechselt wird. Ein wichtiges Unterscheidungsmerkmal ist der Kopf, der anders als der wabige Hut der Speisemorchel unregelmäßig und hirnartig gewunden ist. Die Frühjahrslorchel enthält Monomethylhydrazin, eine hochgiftige Substanz. Im rohen Zustand ist die Frühjahrslorchel tödlich giftig. Dieser Lorchelartige Pilz sollte jedoch auch gekocht nicht verzehrt werden.

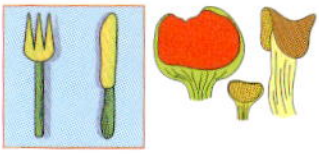

J	F	M	A	M	J
J	A	S	O	N	D

Speisemorchel

Morchella esculenta

Fruchtkörper:
5–15 cm hoch, gestielt, Hut gelbbraun, oval bis rund, wabenähnlich, mit unregelmäßigen Leisten. Stiel an der Basis oft verdickt, weißlich, schuppig, hohl

Vorkommen:
Auf Gras, in Parks, Gärten, in lichten Laubwäldern, im Frühjahr

Verwechslung:
M. conica, mit fast parallelen Leisten; *M. elata*, mit größerem Hut und schwarzen Längsrippen

Ein ausgezeichneter Speisepilz, der bereits im Frühjahr gesammelt werden kann und aus diesem Grund auch »Maimorchel« genannt wird. Es gibt verschiedene Varietäten, die sich in Farbe oder Kopfform unterscheiden, jedoch stets eine deutliche, wabenartige Hutstruktur besitzen. Sie sind ebenfalls eßbar. Ähnliche Arten sind *M. conica* mit längsrippigem, zugespitztem Hut und *M. elata* mit schwarzen Rippen.

J	F	M	A	M	J
J	A	S	O	N	D

Fleischroter Gallertbecher

Ascocoryne sarcoides

Fruchtkörper:
Von zweierlei Art, beide gallertig und purpurot: frühes asexuelles Stadium unregelmäßig gefaltet, 1–3 cm im Durchmesser; sexuelles Stadium 0,5–1 cm im Durchmesser, in Schwärmen, dickfleischig, becher- oder kissenförmig, mit schmaler Basis, glatt

Vorkommen:
Auf verrottenden Stümpfen und Stämmen, meist von Laubgehölzen, im Sommer-Winter

Verwechslung:
A. cylichnium, mit größeren Fruchtkörpern, ohne asexuelles Stadium

Ein auffällig gefärbter, gallertiger Pilz, der in einem asexuellen und sexuellen Stadium vorkommt. Beide Stadien unterscheiden sich in ihrem Erscheinungsbild und treten oft nicht gemeinsam auf. Das asexuelle Stadium, als *Coryne dubia* bezeichnet, ist lappig und unregelmäßig geformt, die Fruchtkörper im sexuellen Stadium sind becherförmig.

J	F	M	A	M	J
J	A	S	O	N	D

Schmutzbecherling

Bulgaria inquinans

Fruchtkörper: Gallertig, gummiartig, 1–3 cm, anfangs kugelig, später ausgebreitet. Fertile Oberfläche glatt, schwarz. Äußere Oberfläche bräunlich, schorfig. Sporen schwarz

Vorkommen: Auf Holz, besonders auf Eichen und Buchen

Verwechslung: *Exidia glandulosa*, mit weißen Sporen und warziger Oberfläche

Ein weit verbreiteter Pilz mit einem Verbreitungsgebiet von der Küste bis in die Alpen. Er zeichnet sich durch seine Farbe und gummiartige Konsistenz des Fleisches aus. Er besiedelt sehr rasch die Rinde frisch gefällter Laubholzstämme, besonders Eichen und Buchen. Die Fruchtkörper des Schmutzbecherlings stehen in Büscheln oder bilden lange Reihen.

J	F	M	A	M	J
J	A	S	O	N	D

Grüner Holzbecherling

Chlorosplenium aeruginascens

Fruchtkörper:
2–5 mm im Durchmesser, leuchtend blaugrün, becherförmig bis unregelmäßig geformt, mit kurzem Stiel

Vorkommen:
Zu vielen auf faulenden Ästen von Eichen, selten auf anderen Gehölzen

Verwechslung:
C. aeruginosum mit gelblichen Scheiben

Der Pilz wächst bevorzugt auf toten Ästen von Eichen und verursacht eine Grünfärbung des Holzes, die gegen Ausbleichen resistenter ist als die meisten grünen Farbstoffe. Das als »Grüneiche« bezeichnete Holz ist aus diesem Grund für Einleg- und Intarsienarbeiten sehr begehrt. Während man das ungewöhnliche Holz leicht findet, fallen die winzigen, blaugrünen Fruchtkörper kaum auf.

Beispiel einer Intarsienarbeit

J	F	M	A	M	J
J	A	S	O	N	D

Schlüpfriger Kappenpilz

Leotia lubrica

Fruchtkörper: Aufrecht, 2–5 cm hoch, gallertig, keulenförmig, mit gewölbtem, 6–12 mm großem, olivgelbem Kopf. Stiel zur Basis hin leicht verjüngt, ockerfarben, mit winzigen, grünlichen Warzen, im Alter hohl

Vorkommen: Feuchte Plätze in Laubwäldern, im Sommer-Spätherbst

Verwechslung: *Cudonia circinans*, hellgelb und nicht gallertig

Auch als Gelbgrünes Gallertkäppchen bekannt, ist dieser kaum zu verwechselnde Pilz in Mitteleuropa weit verbreitet. Er wächst in dichten Büscheln auf nassen Plätzen in verschiedenen Waldtypen. Seine gallertige Konsistenz, die deutliche Trennung des Fruchtkörpers in Stiel und Hut und die grünlichgelbe Farbe sind charakteristische Merkmale. Er ist genießbar, aber nicht empfehlenswert.

J	F	M	A	M	J
J	A	S	O	N	D

Sumpf-Haubenpilz

Mitrula paludosa

Fruchtkörper:
Aufrecht, schmal keulenartig, 2–5 cm hoch. Fertiler Kopf eiförmig oder zylindrisch, glatt, leuchtend gelborange. Stiel weiß, feucht

Vorkommen:
In Gräben, an feuchten Plätze, zwischen modernden Blättern, im Frühjahr-Frühsommer

Verwechslung:
Keine

Der Pilz ist ab dem späten Frühjahr zu finden. Die Fruchtkörper wachsen in Schwärmen zwischen verrottenden Blättern an nassen Plätzen, meist in Gräben. Sie sind deutlich in Kopf und Stiel unterteilt. Die leuchtend orangegelbe Farbe des Hutes und der weiße Stiel machen ihn unverwechselbar. Er ist ungiftig, aber als Speisepilz wertlos.

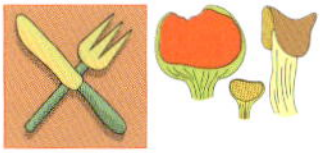

J	F	M	A	M	J
J	A	S	O	N	D

Gemeine Erdzunge

Geoglossum cookeianum

Fruchtkörper:
5–8 cm hoch, aufrecht, schmal keulenförmig oder zungenartig, schwärzlich, glatt, oberer, fertiler Bereich 3–5 cm breit. Stiel ausgeprägt, zylindrisch, fein warzig schuppig

Vorkommen:
Auf unbearbeiteten Grasflächen, auf sandigen Böden, zwischen Moosen, im Spätsommer-Spätherbst

Verwechslung:
Andere *Geoglossum*-Arten, nur mikroskopisch zu unterscheiden

Eine der vielen Erdzungen-Arten, die noch verbreitet vorkommt und mancherorts häufig in Erscheinung tritt. Mit zunehmender, intensiven Bewirtschaftung des Grünlandes wird sie jedoch immer seltener. Die Erdzungen sind von anderen Pilzen gut zu unterscheiden, zur Identifizierung der einzelnen Arten ist eine mikroskopische Untersuchung nötig.

J	F	M	A	M	J
J	A	S	O	N	D

Rauhaarige Erdzunge

Trichoglossum hirsutum

Fruchtkörper: Aufrecht, zungenförmig, 3–7 cm hoch, schwärzlich, feinsamtig, Stiel schlank, oberer fertiler Bereich abgeflacht, in der Form variabel

Vorkommen: Auf sauren Böden, manchmal zwischen Torfmoos, im Spätsommer-Spätherbst

Verwechslung: Andere *Geoglossum*-Arten sind ähnlich, aber nicht samtig

Eine Erdzungenart, die in Mitteleuropa häufiger vorkommt. Die Rauhhaarige Erdzunge besitzt, wie der volkstümliche Name besagt, eine samtig rauhe Oberfläche, an der man sie von anderen Arten unterscheiden kann. Sie beruht auf steifen, dickwändigen, dunkelbraunen, spitzen Haaren, die den gesamten Fruchtkörper bedecken. Unter dem Mikrokop sind sie gut zu erkennen.

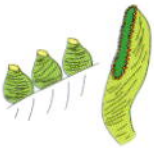

J	F	M	A	M	J
J	A	S	O	N	D

Mutterkorn

Claviceps purpurea

Sklerotium: Spindelförmig, 1–1,5 cm lang, schwärzlich, gefurcht. Fruchtkörper aus überwinternden, paukenschlegelförmigen Sklerotien auswachsend. Stiel schlank, fertiler Kopf kugelig, 2–5 mm

Vorkommen: Sklerotien in Ähren von Gräsern, häufig auf Roggen, im Sommer-Herbst, Fruchtkörper im Frühjahr

Verwechslung: Keine

Die Dauerstadien (Sklerotien) entwickeln sich auf den Ähren verschiedener Gräser und sind giftig. Die spindelförmigen, schwarzen, harten Gebilde sind auf infizierten Ähren gut zu erkennen. Früher traten, verursacht durch von Mutterkorn verunreinigtes Mehl, epidemieartig Vergiftungen auf, als das »Heilige Feuer« bekannt und heute als Ergotismus bezeichnet. Heute wird *Claviceps* medizinisch verwendet.

J	F	M	A	M	J
J	A	S	O	N	D

Puppen-Kernkeule

Cordyceps militaris

Fruchtkörper: 2–4 cm hoch, leuchtend orange, keulenförmig, fertiler Kopf mit fein aufgerauhter Oberfläche. Stiel heller, gelblich

Vorkommen: Parasitisch, auf verpuppenden Schmetterlingslarven *(Noctuiden)* im Boden, im Herbst

Verwechslung: Keine

Ein leuchtend oranger, keulenförmiger Pilz, der meist auf Weiden und offenen Grasflächen auf Insektenlarven zu finden ist. Viele Arten der Gattung *Cordyceps* sind hochspezialisierte Parasiten, die verschiedene Insekten befallen. Einige schmarotzen auch auf unterirdischen, trüffelartigen Fruchtkörpern von *Elaphomyces* (Hirschtrüffel). Er infiziert (und tötet eventuell) Raupen der Schmetterlinge aus der Gruppe der Eulen, die sich im Boden zur Verpuppung eingraben.

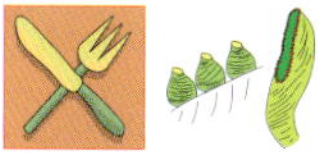

J	F	M	A	M	J
J	A	S	O	N	D

Kohliger Kugelpilz

Daldinia concentrica

Fruchtkörper: Halbkugelig, 2–10 cm im Durchmesser, anfangs rötlichbraun, später schwarz. Oberfläche hart, leuchtend. Fleisch mit ausgeprägter konzentrischer, grauweißer und schwarzer Zonierung. Sporen schwarz

Vorkommen: Auf Totholz verschiedener Bäume, ganzjährig

Verwechslung: *D. vernicosa* hat weiches Fleisch

Ein verbreiteter Pilz, der aufgrund seiner Form und schwarzverkohlten Färbung auch als »Holzkohlenpilz« bezeichnet wird. Das feste Fleisch, mit der regelmäßigen, hellen und dunklen Zonierung, beim Aufschneiden des Fruchtkörpers deutlich zu erkennen, ist charakteristisch. Der Kohlige Kugelpilz aus der Familie der Holzkeulenartigen lebt saprophytisch auf Totholz und verursacht eine Weißfäule, die das Holz typisch marmoriert und schwarzfleckig färbt.

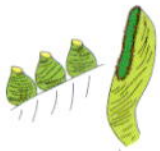

J	F	M	A	M	J
J	A	S	O	N	D

Vielgestaltige Kohlenbeere

Hypoxylon multiforme

Fruchtkörper: Kissenartig, etwas länglich oder unregelmäßig geformt, 2–3 cm im Durchmesser, zusammenfließend, dann größer, anfangs hart und verkohlt, später schwärzlich, rauh. Sporen schwarz

Vorkommen: Auf toten Stämmen und Ästen verschiedener Gehölze, ganzjährig

Verwechslung: Andere *Hypoxylon*-Arten, in der Form unterschiedlich

Kommt gewöhnlich auf Stümpfen von Birken, aber auch an anderen Gehölzen vor. Die Fruchtkörper entwickeln sich auf der Rinde toter Äste, wachsen durch die Lentizellen an die Oberfläche oder besiedeln entrindete Stämme. Die in die oberen Bereiche der Fruchtkörper eingebetteten, flaschenförmigen, sporenbildenden Perithezien sind besonders groß. Sie verleihen der Oberfläche eine ausgeprägte, wellige Kontur.

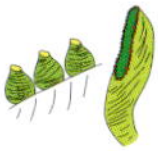

J	F	M	A	M	J
J	A	S	O	N	D

Geweihförmige Holzkeule

Xylaria hypoxylon

Fruchtkörper:
Aufrecht, bis 7 cm hoch, unreif geweihförmig verzweigt, flach, Stiel schwarz, filzig, obere Abschnitte weiß bepudert. Sexuelles Stadium vollkommen schwarz, unverzweigt, zylindrisch

Vorkommen:
Auf toten Stämmen und Stümpfen, ganzjährig

Verwechslung:
Keine

Eine weit verbreitete Art, die ganzjährig, einzeln oder in Gruppen auf verschiedenen Arten von Totholz vorkommt. Die geweihförmig gegabelten Fruchtkörper mit hartem, holzigem Fleisch sind unverwechselbar. Der volkstümliche Name bezieht sich auf diese Merkmale. Die oberen Abschnitte sind von sogenannten Konidiosporen dicht weißlich bis grau bestäubt, der schwarze, untere, stielartige Teil ist oft gebogen.

J	F	M	A	M	J
J	A	S	O	N	D

Vielgestaltige Holzkeule

Xylaria polymorpha

Fruchtkörper: 3–8 cm hoch, 1–2 cm breit, gestielt, keulenförmig, oft unregelmäßig geformt, abgeflacht und verkrümmt, schwarz, Oberfläche aufgerauht, warzig. Fleisch fest, zäh, weiß. Sporen schwarz

Vorkommen: Auf alten Stümpfen von Laubgehölzen, besonders auf Buchen, ganzjährig

Verwechslung: *X. longipes* ist länglich, zylindrisch, meist auf Ahorn

Eine weit verbreitete Art, die durch ihre unverwechselbare Form und Farbe auffällt. Die Fruchtkörper sind unregelmäßig, äußerst variantenreich gestaltet und erinnern entfernt an dicke, angeschwollene Finger. Das Fleisch ist weiß, fest und zäh. Sie wachsen ganzjährig auf alten, verrottenden Baumstümpfen, bevorzugt auf Buchen in schattigen Wäldern. Die verwandte Art *X. longipes* ist schlanker.

ARTENREGISTER

Auf einen Blick:

Pilzgruppen, die in diesem Buch beschrieben sind

Ohne Manschette, mit Scheide

Mit Manschette und Scheide

Gallertartige Pilze

Rutenförmige Pilze

Bauchige/stäubende Pilze